中國工業節能
經濟機制設計
研究

王 莉 ● 著

財經錢線

摘要

　　30多年來，中國取得了舉世矚目的經濟增長成果，社會物質條件得到極大改善。但是，由於生態約束機制滯後，經濟發展對生態環境的影響、資源能源的消耗不斷放大。十八大以來，生態文明建設被提升到前所未有的歷史高度，習近平從歷史和現實的角度，強調生態文明的發展趨勢和時代意義，「綠水青山就是金山銀山」的論述揭示了良好的生態環境是一個地區經濟發展的持續推動力和核心競爭力。中國在2006年首次提出在五年規劃期內單位國內生產總值能耗下降20%的節能約束指標，在硬性指標的約束下，中國在保持經濟增長的條件下實現了能耗強度的持續下降。但仔細考察當前節能經濟機制的作用路徑，就會發現影響工業能源效率的結構性因素並未得到改變，特別是在工業內部，高耗能行業的份額不僅沒有下降，反而有上升的趨勢。最近10年來能耗水準的降低，基本依靠的是規模整合後總體技術效率的改善，這是在中央政府和地方政府利益主體的博弈和交融中，形成的一條既能維護各方利益又不觸及原有經濟增長路徑和結構變化的行政管制路徑。顯然，這樣的路徑缺乏可持續性。如果不改變著力點，體制性結構性矛盾將繼續阻礙能源效率的提升。

　　經濟機制是一個經濟系統內部各要素間如何相互作用、聯繫及制約的體系形式。在工業節能領域，由於外部性、信息不對稱等經濟特徵的存在，有關個體偏好、節能技術、節能產品等級等信息分散在不同的主體中，他們出於自身利益的需要而隱藏真實的信息，並且利用這種隱藏的私人真實信息來獲取最大化的個人效用。這導致的結果是中央政府無法完全瞭解地方政府的政策選擇偏好和區域企業當下的技術及規模狀況，地方政府在穩增長和降能耗的選擇之間徘徊，企業也可能從中央政府和地方政府得到的指令強度不一致，社會公眾對工業節能產品的情況不瞭解從而無法選擇。這些現象導致每個主體做出的決策

都不是最優的，特別是中央政府，由於對真實情況掌握不完全，在指標設計和制度安排中，無法實現資源的有效配置。因此，必須設計和構建一種有效的經濟機制，讓地方政府和企業在制定節能目標和執行節能政策的過程中，在自身效益最大化的條件下選擇的策略與機制約束條件相互作用，從而最終使市場配置的結果與既定的節能目標一致。

正是基於對以上現實問題的考慮，本書以中國工業能源效率變化為主線，通過實證分析不同影響因素對工業節能的作用軌跡，找尋當前工業節能經濟機制存在的問題，在經濟機制設計理論的基礎上，從激勵、監督和懲罰等層面多方位刻畫經濟機制對工業節能的作用機理，一方面豐富工業節能經濟機制設計研究的理論成果，另一方面努力構建適合中國工業發展階段和區域差異的節能經濟機制。本書的主要內容包括：

首先，本書從能源消費與經濟增長的關係探尋入手，從總量、結構、區域和行業等角度分析中國能源消費的歷史和現實特徵，梳理中國能效考核指標「能耗強度」的變化軌跡，對工業能源消費的矛盾和瓶頸進行分析；用超效率 SSBM-DEA 模型對中國的能源效率進行測算，並與包含非合意產出的能源效率進行對比和評估；對工業能源效率究竟是存在擴散效應還是回流效應進行收斂性檢驗。其次，本書從經濟機制設計的要素出發，構建省際能源效率影響因素的面板模型，實證分析了不同影響因素對能源效率的作用機制和影響路徑，同時從不同能效區域的維度，分析在不同發展水準、經濟結構和資源禀賦的情況下能源效率的變動特徵。再次，本書對當前中國工業節能經濟機制進行思考和評價，從當前節能管制路徑的形成、地方政府的策略選擇以及節能路徑的著力點等方面出發，對當前節能指標選擇、目標確立和分解體系、長效機制建設等問題進行分析。此外，本書運用經濟機制設計理論，在博弈、激勵相容、分散決策、信息有效性等經濟學理論的基礎上，對激勵機制、監督和懲罰機制、目標函數設定機制等進行刻畫，解決工業節能過程中存在的外部性、信息不對稱、策略性行為和資源配置問題。最後，本書針對存在的問題，從科學確定目標和分解體系、實行差異化的節能政策組合、節能管制主體從縱向到橫向的轉移、節能配套措施以及分區域的具體措施方面提出對策建議。

本書的創新點在於，在赫維茨經濟機制設計理論的基礎上，利用激勵相容、分散決策和信息有效性等理論和方法，從節能主體、節能政策和節能槓桿協調配合的角度，研究如何判斷節能經濟機制是否有效，以及如何設計工業節

能經濟機制並較好地控制機制設計和運行的成本。本書不糾結於具體的節能經濟政策，而是從機制框架出發，研究如何實現機制的資源配置和風險轉移功能，讓節能主體在自身效益最大化的條件下選擇的策略與節能目標要求的約束條件相互作用，並最終帶來社會總體目標的達成。本書既研究了正向的激勵機制，又研究了負向的監督檢查和懲罰約束機制，重點研究在控制機制成本的情況下，通過激勵強度、檢查監督頻率、懲罰力度等政策的組合及力度的變化來實現更優的產出效用。特別是在對節能目標設定機制的研究中，通過在中央政府和地方政府之間增加「對話階段」及考慮不同維度的向量信息，讓中央政府瞭解更多有關工業節能的經濟環境集，從而在兩者互動博弈的過程中確定一個合理的目標函數值。在目前已有的文獻中，從上述視角和切入點進行研究的還非常少，本書的研究使經濟激勵政策理論的研究視角和維度更加豐富，所提出的決策方法對當前工業節能工作的目標確定和分解具有一定的現實意義。本書在對工業能源效率影響因素的實證研究中，選取了12種不同的因素，不僅分析各因素的影響方向，而且刻畫各因素的作用軌跡，試圖從工業能源效率各因素作用軌跡的變化曲線中找尋路徑形成的政策或機制原因。針對實證結果中與預期方向不符的影響因素，本書通過重新選取指標內容以及劃分不同能效區域進行了再次檢驗，為機制設計的重點和節能政策的主要方向提供更為確切的實證依據。

　　本書採取定性分析與定量分析結合、規範分析與實證研究結合、理論分析與實際問題政策建議結合以及比較分析與經驗研究結合的研究方法，輔以數據、圖表進行客觀分析。通過本書的研究，主要得出以下觀點：

　　第一，本書採用 SSBM-DEA 模型，以省際空間的數據為樣本，測算出全國和各省份的工業能源效率數據，根據測算結果，在將國內（地區）生產總值的工業能源效率與包含非合意產出二氧化碳的工業能源效率進行對比後發現，前者的值要高於後者，不包含非合意產出的工業能源效率被高估，全國和各省份能源效率的提升還有很大的空間。兩種算法的結果表明，中國的工業能源效率還有25%~48%的提升空間。在對各區域工業能源效率的收斂性分析中，中部地區存在絕對β收斂；東部地區和中部地區存在σ收斂；東、中、西部都存在條件β收斂；只有中部地區存在俱樂部收斂。

　　第二，在影響工業能源效率的12個指標中，結構調整、經濟發展水準、市場化程度、貿易進口額等因素呈顯著正向影響，產業結構、FDI 流入、能源

價格、能源消費結構、投資驅動模式等因素呈負向影響。其中，能源價格、技術進步、FDI流入等因素的實證結果與預期的有差異。本書進一步通過劃分不同能效區域並改變部分樣本表徵進行比較研究後發現，在不同的能效區域，各影響因素的作用機制呈現不同的軌跡。這樣的現實，要求我們在經濟機制設計的過程中，必須根據不同的區域特徵制定有差異的節能目標和節能政策。

第三，政府最優的經濟機制設計應該是讓參與的工業節能主體認為，如實報告自己的私人信息是在這個機制中比較占優的策略均衡。在這樣的機制下，即使每個參與主體按照自身效用最大化的原則選擇個體目標，機制運行的最終客觀效果也將使總體預期的經濟社會目標得以實現，且經濟機制本身的收益和成本是均衡的。本書通過建立不同的機制模型表明，節能主體之間存在互動博弈機制，必須通過激勵、監督和懲罰機制來引導、約束節能主體參與節能工作。在節能工作初期，由於市場、政策、技術及環境不成熟，應該加大激勵的力度，採用風險共擔的機制；到了工業節能工作中後期，應當降低激勵力度，採用市場的手段推動節能。為了降低外部不確定性的消極影響，在觀察企業的努力水準時可以引入可參照變量，根據外部不確定性程度的大小，加大或者減小激勵強度。節能目標的信息空間維度不能是一維的，步驟過程也不能只是單向的，要根據機制成本恰當地選擇節能目標確定的信息空間維度，且根據參數傳遞的實際情況選擇並確定節能目標的步驟。

第四，中央政府制定的節能約束指標應該從「能耗強度」轉變為基於投入產出比的「能源效率」，並根據區域特徵和發展階段有針對性地制定和分解節能目標。西部地區由於國家產業佈局和其資源稟賦以及發展階段情況，短期內應該以節能管制為主，輔之以較低的節能目標和力度較大的激勵政策。東部地區由於產業發展均衡，工業化程度較高，應該承擔較多的節能任務，並以市場化的方式推動節能。橫向管理規模整合的路徑帶來了總體節能目標的實現，但實際微觀能效的改善效果不夠。節能管制要從橫向的政府向縱向的行業轉變，實現全國範圍內的佈局和要素流動，減少區域之間的壁壘障礙。在主體經濟機制設計的基礎上，要完善節能統計、監測、能效標示、信息管理發布、價格改革等配套措施，形成推動工業節能的合力。

目錄

1 緒論 / 1

    1.1 研究背景 / 1

        1.1.1 問題的提出 / 1

        1.1.2 研究目的及意義 / 2

    1.2 文獻綜述 / 4

        1.2.1 能源消費與經濟增長的關係研究 / 5

        1.2.2 能源消耗強度的研究 / 10

        1.2.3 全要素能源效率的測度方法 / 13

        1.2.4 經濟機制及其設計的理念 / 16

    1.3 研究的思路、內容及方法 / 23

        1.3.1 研究的思路及框架 / 23

        1.3.2 研究的主要內容和方法 / 25

    1.4 本研究可能的創新點 / 26

2 中國工業能源消費的特徵描述及分析 / 27

    2.1 中國能源消費的總量及結構特徵 / 27

        2.1.1 中國能源消費的總量特徵 / 27

        2.1.2 中國能源消費的結構特徵 / 29

    2.2 中國能耗強度的歷史和現實考量 / 31

        2.2.1 能耗強度變化歷史數據梳理 / 31

2.2.2　能耗強度的區域及產業分佈特徵 / 33

　2.3　中國工業能源消費的矛盾及瓶頸分析 / 35

　　　2.3.1　工業能源消費總量的變動情況 / 35

　　　2.3.2　工業內部結構特徵帶來的節能壓力 / 36

　　　2.3.3　工業自身發展的階段性特徵增加節能難度 / 37

3　基於省際空間的工業能源效率的測算及分析 / 39

　3.1　能源效率測度的幾種模型 / 41

　　　3.1.1　經典的 SBM-DEA 模型 / 41

　　　3.1.2　超效率 SSBM-DEA 模型 / 41

　　　3.1.3　包含非合意產出的超效率 SSBM-DEA 模型 / 42

　3.2　各省份包含非合意產出的工業能源效率測算 / 43

　　　3.2.1　測算指標樣本說明 / 43

　　　3.2.2　工業能源效率的測度結果 / 44

　　　3.2.3　兩種估算結果比較 / 48

　　　3.2.4　基於區域的統計結果分析 / 49

　3.3　中國區域工業能源效率的收斂性分析 / 50

　　　3.3.1　收斂性分析的方法 / 50

　　　3.3.2　收斂模型構建及結果分析 / 52

4　中國工業能源效率影響因素的實證分析 / 56

　4.1　實證研究的對象及維度 / 56

　　　4.1.1　實證研究的對象：工業能源效率 / 56

　　　4.1.2　實證研究的維度：省際空間差異 / 58

　4.2　變量選取及樣本說明 / 58

　　　4.2.1　變量選取 / 59

　　　4.2.2　樣本說明 / 61

　4.3　模型的建立 / 63

  4.3.1 工業能源效率影響因素的空間滯後模型 / 64
  4.3.2 工業能源效率影響因素的空間誤差模型 / 64
4.4 實證結果分析 / 65
4.5 模型進一步擴展研究：基於不同能效區域層面 / 71
  4.5.1 不同工業能源效率區域劃分 / 71
  4.5.2 不同能效區域模型檢驗結果分析 / 72

5 中國工業節能經濟機制運行的現狀及問題 / 76
5.1 中國工業節能經濟機制的現狀 / 76
  5.1.1 中國工業節能目標的確立與分解 / 76
  5.1.2 地方政府在節能目標約束下的策略選擇 / 78
  5.1.3 中國工業節能經濟機制的著力點 / 79
5.2 當前中國工業節能經濟機制存在的問題 / 82
  5.2.1 將能耗強度作為節能指標未真實體現能效狀況 / 83
  5.2.2 當前節能目標分解辦法忽略了地區差異性 / 84
  5.2.3 不宜過分追求工業能耗短期內大幅度下降 / 87
  5.2.4 當前節能約束路徑缺乏可持續性 / 89

6 中國工業節能經濟機制的模型設計 / 91
6.1 工業節能經濟主體互動關係特徵 / 92
  6.1.1 工業節能涉及的主要主體 / 92
  6.1.2 工業節能各主體之間的關係特徵 / 93
6.2 工業節能激勵機制的設計 / 94
  6.2.1 激勵機制設計的基礎 / 94
  6.2.2 激勵機制設計的要點 / 96
  6.2.3 激勵政策力度組合的模型設計 / 99
  6.2.4 降低外部不確定性的激勵模型設計 / 102
  6.2.5 多環節多主體的激勵模型設計 / 105

  6.3 工業節能監督及懲罰機制的設計 / 106

    6.3.1 監督檢查機制模型設計 / 106

    6.3.2 監督檢查機制成本控制 / 108

    6.3.3 中央對地方政府的懲罰機制設計 / 110

    6.3.4 地方政府對企業的懲罰機制設計 / 114

  6.4 工業節能目標設定機制的設計 / 117

    6.4.1 地方政府節能目標選擇偏好 / 117

    6.4.2 基於顯示偏好的節能目標設定機制 / 120

    6.4.3 基於策略行為的節能目標設定機制 / 123

7 中國工業節能經濟機制設計的政策建議 / 127

  7.1 科學確定和分解工業節能的區域目標 / 127

  7.2 實行區域差別化的工業節能政策組合 / 128

  7.3 節能管制體系重心由橫向向縱向轉移 / 129

  7.4 完善節能經濟機制的基礎配套措施 / 129

  7.5 分區域工業節能政策建議 / 130

    7.5.1 東部地區 / 130

    7.5.2 中部地區 / 132

    7.5.3 西部地區 / 133

8 結論與方向 / 136

  8.1 主要研究結論 / 136

  8.2 繼續研究方向 / 138

參考文獻 / 139

1　緒論

1.1　研究背景

1.1.1　問題的提出

能源是社會和經濟發展的基礎，它不僅為人類經濟社會發展提供不可或缺的物質條件，而且是生產活動中重要的生產投入要素。在傳統的工業發展模式下，人們忽視了能源的利用效率，以大量的能源消耗來獲得經濟增長。20世紀70年代出現的石油危機給人類敲響了能源短缺的警鐘，與此同時，能源利用過程中的環境污染問題也越來越嚴重。化石燃料在燃燒過程中排放的溫室氣體，是導致溫室效應的主要因素，而溫室效應導致的自然災害頻發、海平面上升、水資源短缺、霧霾天氣等使人類生存與發展面臨極大威脅。節約能源、保護環境、可持續發展的理念越來越成為世界各國的共識。為了應對能源資源短缺的挑戰，改善人類生存環境，中國政府也提出了堅持節約資源和保護環境的基本國策，堅持能源可持續發展戰略，強調資源開發與節約並舉，提高資源利用率，其中關鍵是提高能源的使用效率，降低能耗損失，減少碳排放。在「節能」概念提出的早期階段，人們通常將其寫為「energy saving」，即能源節省，盡可能減少能源的消費量，抑制能源消費的上升速度。隨著各國能源政策重點的轉移，「節能」被釋義為「energy conservation」，即在能源使用過程中降低能耗，確保能源保持或保存，減少散失。隨著人們節能意識的增強、節能管理的不斷完善以及節能技術的不斷改進，「節能」的含義也進一步發展為「energy efficiency」，即提升能源的利用效率，用更少或同樣的能源，滿足更高更多的需求。當前，提高能源利用效率，降低能源消耗和開發使用新能源成為各國政府共同認可的能源發展政策。節能的重要地位等同於石油、煤炭、天然氣和電力，被專家們稱為「第五能源」。

黨的十八大以來，生態文明建設被提升到前所未有的歷史高度。習近平從歷史和現實的角度，強調生態文明的發展趨勢和時代意義。從人類社會的發展來看，四大文明古國的繁榮發展皆有賴於良好的河流土地、風物生態，而文明中心的轉移或者文明的衰落則大多與生態環境被嚴重破壞有關。習近平用「生態興則文明興，生態衰則文明衰」① 準確地刻畫了生態在社會發展中的作用軌跡。同時，經濟增長和社會發展是政府必須實現的目標，而生態環境是可持續發展的基礎。「綠水青山就是金山銀山」的論述蘊含著豐富的經濟學思想。它揭示了良好的生態環境是一個地區經濟發展的最大本錢，具有持續的推動力和核心競爭力。在這樣的指導思想下，中國提出了資源節約型社會建設取得重大進展、單位國內生產總值能源消耗大幅下降的戰略目標，以及推動能源消費革命、控制能源消費總量、加強節能降耗的重要戰略任務。工業領域是中國經濟增長的重要來源部門，同時也消耗了中國大部分的能源，工業能源消費量占比在很長的歷史時期內一直維持在70%左右。工業節能對解決約束中國經濟社會發展的能源問題、實現綠色的國內生產總值增長具有至關重要的作用。

1.1.2 研究目的及意義

改革開放30多年來，中國取得了舉世矚目的經濟增長奇跡，社會物質條件得到極大改善，在較短的時間內完成了工業化發展過程，但是，由於生態約束機制滯後，生態和環境成本一直沒有被納入價格體系，導致過度追求經濟增長速度的粗放式發展特徵不斷固化，經濟發展對生態環境和資源能源消耗的影響不斷放大。在中國工業經濟發展的軌跡中，「生態及要素成本低廉—能源價格扭曲—過度消耗資源—國內生產總值高速增長—進一步過度消耗」的惡性循環貫穿其中。特別是21世紀初，經濟發展的階段特徵進一步增強了對能源的需求，能源消費增長的速度明顯加快。從國內來看，工業加速發展帶動了城市化的步伐，而全國範圍內的各級各類城市的基礎設施建設，又反過來帶動水泥、鋼材、平板玻璃等高耗能產業的投資規模的增長。城市化不僅是空間規模的聚集，也是人口的大量集中。由於國家逐漸放開戶籍限制，城市提供了更多的就業崗位，大量農民進入城市，農村剩餘勞動力向第二和第三產業轉移，增加了對城市生活能源的消耗。從國際來看，中國作為貿易出口大國，產品之所以在全球產業鏈中具有一定的競爭優勢，一方面是因為勞動力低廉的人口紅利，另一方面是因為資源和環境的成本未計入產品價格，特別是在國際能源價

---

① 中共中央宣傳部. 習近平總書記系列重要講話讀本 [M]. 北京：學習出版社，2014：121.

格飛漲的情況下，中國依然用補貼的方式保持資源能源的價格，這種價格差異增加了工業行業中高耗能產業的結構份額和高耗能產品的出口份額，進一步固化了中國在國際產業分工中「微笑曲線」的下端位置，在利潤的驅使下，國際高耗能、高污染產業也加快了向國內轉移的步伐。國際和國內力量的疊加，使得工業內部高耗能、重型化的結構特徵越發強化，能源消費量飛速上漲。中國過去通常採取需求側管理政策，通過投資、消費和出口這「三駕馬車」來拉動經濟增長，雖然取得了一定的效果，但是副作用也比較明顯。供需錯位成為阻礙經濟增長的主要因素，一方面，產能過剩成為結構轉型的大包袱，另一方面，供給體系中中低端產品過剩，高端產品供給不足，經濟發展缺乏可持續的動力。2016年年初，中央提出了供給側結構性改革的方向，針對供需失衡的結構性因素，從提高供給側質量的角度出發，提高全要素生產率，矯正要素配置領域的扭曲，擴大有效供給對需求變化的靈活適應性，促進經濟可持續發展。

縱觀西方發達國家的歷史，在謀求經濟（Economy）、能源（Energy）和環境（Environment）「3E」協調發展的路徑中，由於較早完成了工業化，它們通常借助於資本密集的優勢，通過工業投資進行全球資源的配置，將高能耗、高污染的產業轉移到本國以外的其他國家或地區。先行的技術優勢讓它們在產業結構調整的過程中並未感到陣痛，在自身經濟保持適度增長的情況下順利轉換經濟增長的核心競爭力，知識經濟迅速崛起並成為新的競爭優勢，同時借助創新科技的優勢快速完成全球範圍的產業鏈整合。反觀中國，通過國家或地區間的產業轉移完成結構優化的現實條件已經幾乎不存在，創新科技的技術優勢目前還不具有競爭力，而發展經濟提高人民物質生活條件的目標又必須實現。如何通過經濟機制設計，在把握經濟增長和能源消費互動關係規律的基礎上，引導經濟主體積極進行技術創新，在經濟增長不受較大衝擊的情況下，實現產業結構的優化升級，緩解能源瓶頸約束，實現經濟向低能耗、低污染、高效率的集約化方向發展。這對落實科學發展觀，實現經濟可持續發展具有重大的現實意義。

在能源消費急遽攀升、供需缺口加大以及能耗強度逆勢上升的背景下，中國在2006年的「十一五」規劃中，首次提出在「十一五」期間單位國內生產總值能耗下降20%的節能約束指標，並按照行政區域逐級分解到各省、市、縣等政府。國內生產總值能耗強度與國內生產總值增長目標等共同成為中央政府考核、評價地方政府的關鍵指標。在硬性指標的約束下，政府頒布和實行了一系列新的節能政策法規、能耗准入行業標準、政府績效考核體系、節能專項財政資金投入管理辦法等，這些政策和措施對地方政府和企業的節能選擇起到了

較好的激勵和約束作用,特別是對於工業內部的高耗能行業,從規模整合到能耗准入限制,大批企業在關停並轉的整合中實現了規模技術的升級,顯著改善了部分高耗能產品的能源利用效率,確保了在經濟保持增長的前提下節能目標的實現。

然而,金融危機後中國的一些經濟現象顯示,經濟增長與能源節約之間並不像前期所呈現的那樣樂觀,我們離探尋到兩者均衡發展的路徑還相去甚遠。金融危機後,四萬億的刺激計劃雖然迅速將中國拉出經濟低谷,並保持了較穩定的增長趨勢,但是經濟復甦的動力來自大量基礎設施的建設。高耗能行業的總體數量和規模迅速膨脹,雖然帶來了國內生產總值的大幅增長,但同時也給國內生產總值能耗強度的下降帶來巨大壓力。「十一五」末期中國單位國內生產總值能耗迅速飆升,為了完成規劃期內的能耗強度下降目標,多個省市抓住最後的時間段,對工業內部耗能比較高的行業和企業直接採取限產限電或停產停電措施,有的甚至連低能耗的企業和生活用電也受到時間段的限制。一直到「十二五」中期這種狀況才略有緩解。儘管「十一五」期間我們最終實現的節能目標為 26.01%,「十二五」前四年我們也已經完成 20.86%(「十二五」期間的節能約束指標為 16%)的指標,但縱觀 2005 年以來的單位國內生產總值能耗強度曲線,我們可以看出地方政府在經濟增長、能源節約和環境保護之間的猶豫不定,讓三者協調發展的局面難以維持。為什麼在「十一五」前期經濟增長和節能減排可以同步,而金融危機之後兩者卻矛盾凸顯?是政府迫切的增長需求降低了政府規制的強度?還是行政干預的邊際遞減效應所致?抑或是節能路徑發生了轉移?從另一個層面來看,當經濟增長和節能減排同步發展的時候,是政府宏觀約束調控在市場中引導滲透帶來的變化,還是微觀主體效率改善帶來的能源效率提高呢?當前工業節能經濟機制對地方政府和企業等的激勵約束的著力點是否符合最終的目標方向?這種機制的可持續性又如何?

本書正是從這些問題和現象出發,以中國工業能源效率變化為主線,通過實證分析不同影響因素對工業節能的作用軌跡,找尋當前工業節能經濟機制存在的問題,在經濟機制設計理論的基礎上,從激勵、監督、懲罰和目標設定等層面多方位刻畫經濟機制對工業節能的作用機理,以期部分解釋上述存在的問題的原因,並構建適合中國工業發展階段和區域差異的節能經濟機制。

1.2 文獻綜述

經濟增長是社會經濟要素與生態環境要素相互作用的結果,在馬克思主義

經典著作中，關於人與自然、社會的有機統一，人與自然界的物質交換，人類主體性和自然優先性的協調等論述都蘊含著豐富的生態經濟思想。馬克思指出，勞動生產力由多種因素決定，包括勞動力的熟練程度、科學技術的發展及應用、企業的規模和效能以及自然條件[①]。從這個意義上說，經濟增長是人類通過技術實現社會和生態要素間的物質轉換的過程。在馬克思的論述裡，生態環境不僅是經濟活動的外在條件，而且是經濟增長的內生變量。但從古典經濟學的視角來看，能源作為重要的生產投入要素一直未被納入增長模型的研究體系，傳統的增長模型基本上是一個可再生資本和勞動力的兩要素模型，土地、能源及其他不可再生資本總體上被忽略了，導致長期以來對能源的掠奪性使用（Nordhaus & Tobin, 1972）。直到 20 世紀 70 年代初期，丹尼斯和梅多斯等人首次對能源進行了系統的研究分析。他們通過計算機對工業、人口、糧食、污染及資源等因素的關係進行計算和模擬，建立了「世界末日模型」，其結論是如果保持現有的能源資源消耗速度和增長速度，那麼世界將會進入資源枯竭時代。隨之而至的 20 世紀 70 年代石油危機導致的西方世界大範圍的經濟衰退似乎印證了末日模型的理論，從此，能源問題進入經濟學者們的視野並迅速受到關注，成為經濟學領域的熱點。

1.2.1 能源消費與經濟增長的關係研究

(1) 國外對二者關係的研究

一個經濟體的能源消費總量、結構和效率，不僅與經濟體的產業結構和經濟發展階段密切相關，而且受能源稟賦、能源管理水準、技術水準、地理氣候條件等多種因素的影響。從這個意義上講，確定的數量規律並不存在於能源消費和經濟發展之間，只能說從一個較長的時期來看，二者之間可能表現出某種關係的趨勢。因此，學者對二者間關係的研究在早期主要集中於對二者因果關係的探尋上。Kraft J. 等[②]（1978）採用美國 27 年間的數據進行實證檢驗，發現美國的國民生產總值和能源消費之間存在單向的因果關係，進而認為美國的能源保護政策不會約束經濟增長。由於該實證檢驗對樣本選取表現出較高的敏

---

① 馬克思, 恩格斯. 馬克思恩格斯全集：第 23 卷 [M]. 中共中央馬克思恩格斯列寧斯大林著作編譯局, 譯. 北京：人民出版社, 1992：53.
② KRAFT J, KRAFT A. On the relationship between energy and GNP [J]. Energy Devolopment, 1978, 3：401-403.

感性，Yu 和 Hwang①（1984）將樣本區間的時間段延長到 32 年，研究結果發現美國的國民生產總值和能源消費之間並不存在因果關係。隨後在其他工業化國家，Gigli 和 Santon②（1986）分別以英、法兩國的數據進行研究，結果表明法國的能源消費和國民生產總值之間存在單向因果關係，而英國則不存在此種關係。

在亞洲國家，Yu ③（1985）通過格蘭杰因果檢驗發現，單向因果關係存在於韓國的國內生產總值和能源消費之間，Glasure④（1997）也用同樣的方法發現新加坡存在從能源到國內生產總值的單向因果關係。Hwang 和 Gum⑤（1992）的研究表明，雙向因果關係存在於臺灣的國內生產總值和能源消費之間。周建和李子奈⑥（2004）的研究認為，在進行標準的格蘭杰因果檢驗時，如果選取的變量具有非平穩性的特徵，則會增大兩個本身無關的變量之間出現因果關係的概率，進而得出虛假的檢驗結論，而早期的格蘭杰因果關係檢驗就是在這樣的基礎上進行的，所以檢驗結果的可信度大打折扣。隨著研究方法的多樣化特別是計量經濟學的不斷演進，基於平穩數據的協整理論為檢驗提供了新的途徑。它較好地解決了早期檢驗中非平穩數據的問題，增加了研究結論中因果關係的可信度。這種方法在能源消費與經濟增長關係的探尋中得以廣泛應用。Stern⑦（2000）採用多元協整的方法，利用美國 1974—1990 年的能源消費和季度收入數據，構建了一個生產函數的誤差修正模型，發現單向的因果關係存在於能源和收入之間。Asafu⑧（2000）運用相似的方法研究發現，單向的

---

① YU E S H, HWANG D B K. The relationship between energy and GNP based on new sample [J]. Journal of Energy and Development, 1984 (4): 221-229.

② GIGLI K, SANTON D H. The causal relationship between energy and GNP: compared study [J]. Energy Economics, 1986, 2.

③ YU S H, CHOI J Y. The causal relationship between electricity and GNP: an international comparison [J]. Journal of Energy and Development, 1985, 10: 249-272.

④ GLASURE Y U, LEE A R. Cointegration, error-correction, and the relationship between GDP and electricity: the case of South Korea and Singapore [J]. Resource and Electricity Economics, 1998, 20: 17-25.

⑤ HWANG D B K, GUM B. The causal relationship between energy and GNP: The case of Taiwan [J]. The Journal of Energy and Development, 1992, 12: 219-226

⑥ 周建，李子奈. Granger 因果關係檢驗的適用性 [J]. 清華大學學報（自然科學版），2004 (3): 358-361.

⑦ STERN D I. A multivariate cointegration analysis of the role of energy in the US macroeconomy [J]. Energy Economics, 2000, 22: 267-283.

⑧ ASAFU A J. The relationship between electricity consumption, electricity price and economic growth: time series evidence from Asian developing countries [J]. Energy Economics, 2000, 22: 615-625.

因果關係存在於印度和印度尼西亞的能源消費和國內生產總值之間，而雙向的因果關係則存在於菲律賓和泰國的能源消費與國內生產總值之間。Soytas 和 Sari[1]（2003）選取了七國集團（G7）國家和 9 個新興市場國家的數據進行檢驗，發現日本、德國、法國和土耳其等國存在從能源消費到國內生產總值的單向因果關係，韓國和義大利則存在從國內生產總值到能源消費的因果關係，雙向因果關係存在於阿根廷的能源消費和經濟增長之間。

協整格蘭杰因果檢驗和標準格蘭杰因果檢驗一樣，依然對數據的選取比較敏感，數據樣本區間不同，研究的因果結論會呈現出較大的差異性。Hwang 和 Gum（1992）的研究結果認為，臺灣存在能源消費與經濟增長的雙向因果關係。Cheng 和 Lai[2]（1997）選取了臺灣 1955—1993 年的數據，卻得出二者之間只存在從經濟增長到能源消費的單向關係，而後來 Yang[3]（2000）將樣本數據期間擴展到 1999 年後，研究結果又回到 Hwang 和 Gum 的結論。Yang 認為是價格指數的不同和樣本區間的變化導致了結果的差異。

協整檢驗方法的不斷發展和完善，為能源與經濟之間關係的基本判別提供了理論和實證基礎。研究者們的實證結果增加了對二者之間長期均衡關係規律的認識，並對能源和經濟短期波動關係有足夠的預期及應對措施。協整檢驗逐漸成為能源經濟領域研究的重要方向之一。Silk 等[4]（1997）通過建立模型，以美國為考察對象，研究季節、價格等對電力消費彈性系數的影響。Bentzen 和 Engsted[5]（1993）通過建立誤差修正模型，對丹麥的能源需求和國內生產總值進行研究，分析了丹麥能源需求的彈性變化情況。Glasure 和 Lee[6]（1997）在對新加坡的研究中引入能源需求滯後因素，分析其能源消費與國內生產總值的均衡關係。此外，很多學者將能源效率和技術進步因素納入研究，

---

[1] SOYTAS U, SARI R. Energy consumption and GDP: Causality relationship in G-7 countries and Emerging Marking [J]. Energy Economics, 2003, 25: 33-37.

[2] CHENG B S, LAI T W. An investigation of co-integration and causality between electricity consumption and economic activity in Taiwan [J]. Energy Economics, 1997, 19: 435-444.

[3] YANG H Y. A note on the causal relationship between electricity and GDP in Taiwan [J]. Energy Economics, 2000, 22: 309-317.

[4] SILK J I, JOUTZ F L. Short and long-run elasticities in US residential electricity demand: a co-integration approach [J]. Energy Economics, 1997, 19: 495-513.

[5] BENTZEN J, ENGSTED T. Short and long-run elasticities in energy demand: a co-integration approach [J]. Journal of Energy Economics, 1993, 16 (2): 139-143.

[6] GLASURE Y U, LEE A R. Cointegration, error-correction, and the relationship between GDP and electricity: the case of South Korea and Singapore [J]. Resource and Electricity Economics, 1997, 20: 17-25.

通過生產函數和效用函數建立協整模型分析能源需求。Rodney 等① (1995) 通過效用函數對澳大利亞的交通能源需求進行了分析。Ghali② (2004) 將加拿大的產出與能源消耗、資本投入、勞動力投入之間的關係通過生產函數模型進行分析，結果證實這些變量之間有協整關係，且勞動力投入和能源消耗之間具有很強的替代關係。

(2) 國內對二者關係的研究

中國能源消費彈性系數在經濟增長的過程中大部分時候都小於1，能源消費變化趨勢情況與別國不同，特別是在1997—1999年，能源消費量在國內生產總值以8%的速度增長的情況下卻表現為負增長，而「十一五」初期卻又呈現出相反的趨勢，這些階段性的變化引起了學者們的關注。史丹③ (2002) 從短期波動和長期趨勢的角度，認為能源效率提高是中國能源消費減緩的原因，而經濟體制改革、產業結構調整以及對外開放等都是影響能源效率的因素。韓智勇等④ (2004) 在史丹研究的基礎上，從效率和結構兩個方面，定量分析結構調整和技術進步對能效提升的作用程度，認為經濟機構對能源效率的影響存在不同方向，工業部門能耗強度下降是能效提升的主要原因。施發啓⑤ (2005) 從能源強度、單位產品能耗的角度對能源消費彈性系數波動的原因與其他國家進行對比，認為產業結構的優化對能源消費的影響最為重要。還有許多學者通過因果檢驗及協整分析對中國經濟增長與能源消費的關係進行研究。韓智勇等⑥ (2004) 通過協整檢驗對中國改革開放以來一直到2000年的能源與經濟數據進行研究，結果表明雙向因果關係存在於兩者之間，但從長期來看並沒有呈現出協整性。吳巧生等⑦ (2005) 將中國的能源消費和經濟增長的關係與美國進行對比研究，認為中國的能耗強度與工業化水準之間存在長期均衡

---

① RODNEY S. Road transport energy demand in Australia: a co-integration approach [J]. Energy Economics, 1995, 17: 329-339.

② GHALI K H, EL-SAKKA M I T. Energy use and output growth in Canada: a multivariate cointegration analysis [J]. Energy Economics, 2004, 26: 225-238.

③ 史丹. 中國經濟增長過程中能源利用效率的改進 [J]. 經濟研究, 2002 (9): 49-56.

④ 韓智勇, 魏一鳴, 範英. 中國能源強度與經濟結構變化特徵研究 [J]. 數理統計與管理, 2004, 23 (1): 1-6.

⑤ 施發啓. 對中國能源消費彈性系數變化及成因的初步分析 [J]. 統計研究, 2005 (5): 8-11.

⑥ 韓智勇, 魏一鳴, 焦建玲, 等. 中國能源消費與經濟增長的協整性與因果關係分析 [J]. 系統工程, 2004 (12): 17-21.

⑦ 吳巧生, 成金華, 王華. 中國工業化進程中的能源消費變動——基於計量模型的實證分析 [J]. 中國工業經濟, 2005 (4): 30-37.

關係。馬超群等①（2004）選取中國 1954—2003 年的數據進行研究，發現雙向因果關係存在於能源消費與國內生產總值之間，國內生產總值和電力、煤炭消費則表現為單向因果關係，國內生產總值與天然氣、電力和石油之間不存在長期均衡關係。林伯強②（2001）通過建立協整模型和誤差修正模型，分析經濟增長、能源消費、產業結構、能源價格等影響因素，認為中國能源消費收入彈性較低，價格彈性較高，結構變化顯著影響能源消費。在 2003 年的研究中，林伯強③通過電力需求側模型，研究不同影響因子對能耗強度的影響，結果表明技術效率的提升、能源價格對能耗強度存在顯著的正向影響。

除了協整檢驗外，學者們也嘗試通過不同的方法研究二者的關係。黃飛④（2001）對經濟增長與煤炭、石油和電力等進行關聯度分析。他採用的是灰色系統理論分析方法，研究表明，煤炭與產出的關聯度最低，其次是電力，石油與產出的關聯度最高。Masih R.⑤（1996）以中國煤炭消費為研究對象，用動態最小二乘法，從長期和短期的角度，研究其需求彈性。梁巧梅等⑥（2004）基於能耗強度和能源需求的投入產出情況建立情境分析模型，將經濟增長對能耗強度和能源需求的影響進行定量分析。魏巍賢等⑦（2012）採用動態隨機一般均衡模型（DSGE），研究能源衝擊對中國經濟的影響，模擬結果表明，在各種衝擊來源中能源衝擊對宏觀經濟的影響最為顯著。

在中國，能源作為重要的調控目標，必然受到政府管制和經濟體制改革政策導向的影響，這些外生衝擊因素會破壞經濟增長與能源消費之間的穩定性。隨著實證研究方法的不斷發展和理論成果的豐富，學者們對二者間關係的短期

---

① 馬超群，儲慧斌，李科，等．中國能源消費與經濟增長的協整與誤差校正模型研究 [J]．系統工程，2004（10）：47-50．
② 林伯強．中國能源需求的經濟計量分析 [J]．統計研究，2001（10）：34-39．
③ 林伯強．電力消費與中國經濟增長——基於生產函數的研究 [J]．管理世界，2003（11）：18-27．
④ 黃飛．能源消費與國民經濟發展的灰色關聯分析 [J]．熱能動力工程，2001（1）：89-90．
⑤ MASIH R, MASIH A M M. Stock-Watson dynamic OLS (DOLS) and error-correction modeling approach to estimating long- and short-run elasticities in a demand function: new evidence and methodological implication from an application to the demand for coal in mainland China [J]. Energy Economics, 1996, 18: 315-334.
⑥ 梁巧梅，魏一鳴，範英，等．中國能源需求和能源強度預測的情景分析模型及其應用 [J]．管理學報，2004（1）：62-65．
⑦ 魏巍賢，高中元，彭翔宇．能源衝擊與中國經濟波動——基於動態隨機一般均衡模型的分析 [J]．金融研究，2012（1）：51-63．

波動性和非線性特徵有了更為清晰的認識。王火根、龍建輝①（2008）通過非線性框架對二者關係進行再檢驗，發現一個兩機制非線性門限協整存在於經濟增長和能源消費之間，當偏離比門限值大的時候，二者關係的調整趨於均衡的方向，反之，則趨於不向均衡狀態調整，從調整的速度來看，能源消費比經濟增長更快。趙進文、範繼濤②（2007）的研究發現，產出與能源消費量的關係用非線性來描述更為恰當，他們認為典型的階段性和非對稱性特徵存在於經濟增長對能源消費的影響中。劉長生等③（2009）通過閉迴歸模型證實倒 U 形特徵存在於能源對增長的作用中，他也認為能源消費與經濟增長之間存在非線性關係，且認為是制度、政策等外生衝擊導致的這種非線性屬性。眾多學者的研究結論反應出這種基於線性框架的分析結果也似乎難以一致，高度敏感性同樣存在於樣本的選擇中。

1.2.2 能源消耗強度的研究

研究能源問題的初衷在於解決現實經濟社會發展中能源的不可再生性和稀缺性約束，而圍繞能源消費總量的研究只能解釋它與經濟發展之間的作用方向、依賴程度等，無法解決資源能源的約束對經濟發展的制約作用，而提高生產率即追求更多的產出、消耗更少的能源是各國政府都關注且亟待解決的現實問題。正是基於這樣的背景，許多學者都將研究的方向從總量向效率轉移，如何通過生產率的改善和能源效率的提升來確保經濟的可持續發展，即節能發展的現實路徑開始進入學者們的研究體系。

大部分國家對能源的調控和約束都圍繞能耗強度（能源消費總量與國內生產總值的比值）這一指標進行，因此，很多研究都是圍繞這一指標的變化展開的，通過不同的方法，選取不同的視角，分析指標變化的機理，從而為政策的制定提供理論證明。部分學者採用拉氏和迪氏因素分解模型研究能耗強度的歷史變動水準，從結構變化和技術進步引致的要素流動和效率改善兩個角度解釋能耗強度的變動。Ang 和 Zhang④（2000）選用發展中國家的數據進行研

---

① 王火根，龍建輝. 能源消費與經濟增長非線性關係分析：基於門限協整系統 [J]. 技術經濟與管理研究，2008（4）：94-97.

② 趙進文，範繼濤. 經濟增長與能源消費內在依從關係的實證研究 [J]. 經濟研究，2007（8）：31-42.

③ 劉長生，郭小東，簡玉峰. 能源消費對中國經濟增長的影響研究——基於線性與非線性迴歸方法的比較分析 [J]. 產業經濟研究，2009（1）：1-9.

④ ANG B W, ZHANG F Q. A survey of index decomposition analysis in energy and environmental studies [J]. Energy, 2000, 25（12）：1149-1176.

究，結果顯示，產業結構調整不是能耗強度降低的主導因素，影響能耗強度的主要變量是技術模仿和技術引進所致的部門能效改善。周勇等①（2006）的研究結果卻相反。他認為能耗強度降低主要是結構調整引起的，而效率改善的作用則比較微弱。Jorgenson（1999）、Sinton（2003）、劉紅玫等（2002）、吳巧生（2006）、李力（2008）、師博（2010）等中外學者選取中國數據進行研究的結果都表明，技術變化引致的能效提升是節能降耗的顯著動因。

但是這種從效率和結構的視角分解能耗強度的影響因素和協整分析類似，形成的結論同樣無法一致。Ang 和 Zhang（2000）、魏楚②（2009）等認為原因主要在於，一方面是對樣本數據的選取解釋，例如，在研究產業結構對能耗強度的影響時，對如何表徵產業構成，有的從輕工業和重工業的視角，有的按照第一、二、三產業的劃分方式，還有的從農業、工業、建築業、交通運輸業、商業和其他等六個部門的構成份額來代表產業結構。不同的樣本選取方法會帶來有差異的結果。另一方面的原因在於樣本時間區間的差異，不同時間序列段內能耗強度的階段性變化和工業發展程度會表現出不同的特徵，例如，1998—2000 年，在經濟高速增長的情況下能源消費量不增反降，2002—2005 年，能源消費量突然高速增長。樣本選取的不同，因素分解的結論也會不同。此外，分解方法的不同、殘差項的處理等都會影響結論的一致性。

這些不同的分析結論，使節能路徑的選擇缺乏可比性，無法為政府決策提供更有說服力的證據。在這樣的背景下，學者們在原有因果關係的基礎上，試著從政策、規制、能源價格、技術、能源內部結構等綜合性的角度研究能耗強度的影響機理，從而分析到底是哪種因素導致了能耗強度的變化，以及影響的程度如何。Birol 和 Keppler③（2000）從要素替代和誘致型技術創新的視角展開研究，利用新古典數理分析模型，證實了能源價格的提升將提高能源利用率，從而降低能耗水準。Mielnik 等④（2000）選取發展中國家和發達國家的不同數據，研究能源價格、技術革新及資本形成對能耗強度的影響，研究發現，能耗強度的主要影響因素是資本形成，且這種影響隨著產出的增加而被強

---

① 周勇，李廉水. 基於 AWD 的中國能源強度變化因素分析 [J]. 煤炭經濟研究，2006 (5)：39-43.

② 魏楚，沈滿紅. 能源效率研究發展及趨勢：一個綜述 [J]. 浙江大學學報（社科版），2009 (3)：55-63.

③ BIROL J H, KEPPLER. Price, technology development and the rebound effect [J]. Energy Policy, 2000, 28 (6-7): 457-469.

④ MIELNIK O, GOLDEMBERG J. Converging to a common pattern of energy use in developing and industrialized countries [J]. Energy Policy, 2000, 28 (8): 503-508.

化。Markandya①（2006）選取經濟轉型國家的數據，發現能源效率提升的主要動力來源於這些經濟轉型國家要素價格的改革和企業所有制的調整與重組。

中國在經濟保持高速增長的情況下能源消費持續下降，能效水準不斷提升，被學界認為是「中國經濟之謎」，中外許多學者致力於尋找謎底。Fisher② 和 Jefferson（2004）以中國企業為樣本數據的研究表明，能源價格、企業研發投入、企業所有制改革、產業結構等是中國能耗強度降低的原因，能源價格變化是影響能耗強度最主要的因素。杭雷鳴、屠梅曾③（2006）以製造業為研究對象進行研究，結果表明對外開放對該行業的能耗強度影響十分顯著。劉暢等④（2008）建立了一個影響因素模型，證實了上述結果。他將各省按照能效水準分成高、中、低區域，研究不同影響因素的區域特徵，在他的研究中，低能耗區域對各種影響因素十分敏感，能夠針對變化迅速調整並實現區域內的均衡；在中等能耗區域，能源價格彈性較高，固定資產投資在各影響因素中對能耗強度的作用最為顯著；而高能耗區域對各種因素的短期波動調整比較緩慢。此後，劉暢等⑤（2009）選取工業行業作為研究對象，採用同樣的方法得出了類似的結論，能耗強度的主要影響因素為能源價格、研發投入、所有制結構以及貿易出口結構，同時，能源結構的優化也具有十分積極的作用。董利⑥（2008）通過建立非線性函數模型，得出了和劉暢相似的結論，同時，他的研究還表明 U 形變化能夠很好地描述中國能源消耗強度與經濟增長的關係特徵，且在人國內生產總值較低的水準上出現 U 形拐點。

亦有少量學者圍繞中央政府的考核指標、調控政策及節能規制等對能耗強度的作用程度進行研究。胡鞍鋼等⑦（2010）就將一個時期內的國民經濟和社會發展五年規劃綱要中是否明確能耗下降目標納入影響模型，結果證明，規劃

---

① MARKANDYA A, PEDROSO-GALINATO S. Energy intensity in transition economies: is there convergence towards the EU average? [J]. Energy Economics, 2006, 28 (1): 121-145.
② FISHER-VANDEN K, JEFFERSON G H, LIU H M. What is driving China's decline in energy intensity? [J]. Resource and Energy Economics, 2004, 26 (1): 77-97.
③ 杭雷鳴, 屠梅曾. 能源價格對能源強度的影響——以國內製造業為例 [J]. 數量經濟技術經濟研究, 2006 (12): 93-100.
④ 劉暢, 崔豔紅. 中國能源消耗強度區域差異的動態關係比較研究——基於省（市）面板數據模型的實證分析 [J]. 中國工業經濟, 2008 (4): 34-43.
⑤ 劉暢, 孔憲麗, 高鐵梅. 中國能源消耗強度變動機制與價格非對稱效應研究: 基於結構 VEC 模型的計量分析 [J]. 中國工業經濟, 2009 (3): 59-70.
⑥ 董利. 中國能源效率變化趨勢的影響因素分析 [J]. 產業經濟研究, 2008 (1): 8-19.
⑦ 胡鞍鋼, 鄢一龍, 劉生龍. 市場經濟條件下的「計劃之手」[J]. 中國工業經濟, 2010 (7): 26-35.

綱要中明確的節能目標對能耗強度的下降作用十分顯著，隨著具體節能約束目標的提出和執行，結構突變點出現在能耗變動軌跡中。他對比了「十五」和「十一五」期間國內生產總值能耗與規劃綱要約束性目標的關係，進一步肯定了政府宏觀調控和干預的顯著作用。魏楚、沈滿洪[1]（2007）的研究也表明，政府投資結構和支出結構也是影響能耗強度水準的顯著因素。

1.2.3　全要素能源效率的測度方法

大量研究表明，提高能源生產率和改善能源效率可以顯著降低能耗強度，而能源效率如何衡量或測度就成了我們不得不思考的問題。政府的約束性目標通常放在能耗強度這一指標上，但部分學者卻對這一指標能否很好地詮釋能源效率的作用機理產生疑問，在這樣的背景下，全要素能源效率的測度，成了節能研究領域的重要方向。

Hu 和 Wang[2]（2006）通過數據包絡分析（Data Envelopment Analysis，DEA），對全要素能源效率測度方法進行了開創性的研究。他將能源效率通過最優能源投入與真實能源投入的比值來表徵，綜合考察全部要素投入後的能源效率，這種估算更符合對「效率」的傳統定義，讓樣本不同的能源效率具有了比較的可能。魏楚等（2007，2008，2009）隨後選取不同國家、不同區域的數據對全要素能源效率進行了多維度的實際測算。他的系列研究解釋了規模效率是中國能耗強度高的原因之一，同時，他計算了中國省際區域節能的潛力差異，從而對政府節能目標的分解提供了數據和理論支撐。隨後許多學者將樣本著眼於省際或行業層面，在同樣的框架下進行研究，並對部分分析進行修正。師博等[3]（2008）針對多個前沿單位難以比較的問題嘗試採用超效率的 DEA 模型，在對比省際區域能源的基礎上，提出中國能源效率低下的主因是資源配置的扭曲。李世祥等[4]（2009）則將研究聚焦在工業行業的數據上。他注意到比較對象的結構差異最終會影響能源效率的測度，同時，樣本參與的效率值因為當期前沿的構建而不具有可比性，因此，他採用了連續前沿的方法以及總成

---

[1] 魏楚，沈滿洪. 能源效率及其影響因素：基於 DEA 的實證分析 [J]. 管理世界，2007 (8)：66-75.

[2] HU J L, WANG S C. Total factor energy efficiency of regions in China [J]. Energy Policy, 2006, 34 (17): 3206-3217.

[3] 師博，沈坤榮. 市場分割下的中國全要素能源效率：基於超效率方法的經驗分析 [J]. 世界經濟，2008 (9)：49-59.

[4] 李世祥，成金華. 中國工業行業的能源效率特徵及其影響因素——基於非參數前沿的實證分析 [J]. 財經研究，2009 (7)：134-142.

本最小化、能源投入最小化等多個 DEA 模型。李廉水等①②（2006）發現不同要素的影響在能效測度中無法分離，於是，他在能效研究中引入了 DEA-Malmquist 指數方法，將技術進步、規模效率等因素對能源效率的影響進行了分解。楊紅亮等③（2008）則在能源效率分解模型中納入了環境變量，從而提出「實際和理論節能潛力」的概念。唐玲等④（2009）將考察的重點放在了工業行業層面，重點研究了能源效率中工業經濟轉型這一影響因子。此外，史丹等⑤（2008）對中國省際能效差異進行了深入的研究，他對地區能效的估算採用的是隨機前沿生產函數和方差分解的方法。

　　投入產出的技術效率提升，是全要素能源分析的目的所在，即在相同條件下，追求更多的產出，或者投入更少的要素。而能源價格變化引起的要素組合改變，顯著地表現在能源效率的衡量中。如果說技術內生進步具有自然慣性，那麼政府的宏觀調控和干預則會顯著體現在要素配置的變化中。Popp⑥（2002）等選取 1970—1994 年美國的能源專利數據進行研究，發現能源價格對技術創新的正效應作用十分顯著。在此基礎上，許多學者圍繞能源替代彈性的度量，通過實證檢驗分析勞動、原材料、資本等要素對能源的替代程度。Ozatalay 等⑦（1979）選取了 7 個發達國家的樣本數據進行研究，發現作為能源的替代品，除了原材料之外，勞動和資本都可以。從這個意義上說，稀缺的資源要素不會影響經濟的可持續增長。Berndt 和 Wood⑧（1975）的研究結果也證實了可替代的關係存在於兩者之間。Pindyck⑨（1979）選取英國 1959—1974

---

①　周勇，李廉水. 中國能源強度變化的結構與效率因素貢獻——基於 AWD 的實證分析［J］. 產業經濟研究，2006（4）：68-74.

②　李廉水，周勇. 技術進步能提高能源效率嗎？——基於中國工業部門的實證檢驗［J］. 管理世界，2006（10）：66-74.

③　楊紅亮，史丹. 能效研究方法和中國各地區能源效率的比較［J］. 經濟理論與經濟管理，2008（3）：12-20.

④　唐玲，楊正林. 能源效率與工業經濟轉型：基於中國 1998—2007 年行業數據的實證分析［J］. 數量經濟技術經濟研究，2009（10）：34-38.

⑤　史丹，吳利學，傅曉霞，等. 中國能源效率地區差異及其成因研究——基於隨機前沿生產函數的方法分解［J］. 管理世界，2008（2）：35-43.

⑥　POPP D. Induced innovation and energy prices［J］. The American Economic Review，2002，92（1）：160-180.

⑦　OZATALAY S，GRUBAUGH S，LONG T V. Energy substitution and national energy policy［J］. American Economic Review，1979，69（2）：369-371.

⑧　BERNDT E R，WOOD D O. Technology，prices，and the derived demand for energy［J］. Review of Economics and Statistics，1975，57（3）：259-268.

⑨　PINDYCK R S. Interfuel substitution and the industrial demand for energy：an international comparison［J］. Review of Economics and Statistics，1979，61（2）：169-179.

年的數據，通過超越對數生產函數計算出能源與勞動、資本之間的偏替代彈性率發現，替代關係均存在於能源與勞動、能源與資本之間。長期來看，能源與勞動之間的替代關係更強，因此，保護能源的政策有利於促進就業的增長。Khanna[1]（2001）在此基礎上選取了日本京都工業數據，研究其要素彈性，結果表明較為顯著的替代關係存在於煤炭、石油、天然氣等不同的一次能源之間，但彈性序列的變動規律不明顯，存在較大的波動性。此外，Kemfert 和 Welsch[2]（2000）等學者通過常數替代彈性（CES）函數對德國進行了研究，從碳排放及環境影響的角度分析了能源、勞動和資本之間的替代彈性變化。

在中國，由於發展中國家和計劃經濟影響的雙重特徵，能源價格體系在政府的指導和管制下形成，使得與能源價格有關的理論比較薄弱。在政府的指導下，能源價格變化不敏感，加上能源行業准入和退出障礙較多，企業自主權不充分，管理比較僵硬，等等，從而破壞了能源產品價格到結構調整的影響傳導路徑。這也導致在研究領域，與其他生產要素和能源要素間的替代作用相關的內容比較缺乏，大部分的研究都傾向於定性的分析，如於立（1994）、史丹（2002）、陳文山（2005）、趙建軍（2005）、徐紹峰（2005）、劉樹杰和陳揚（2005）等的研究。在實證研究方面，鄭照寧、劉德順[3]（2004）利用超對數生產函數研究發現，中國勞動與能源之間的替代彈性較低，技術進步在各種投入之間的差異不大，技術進步的速度表現為資本大於能源大於勞動，從長期來看，差異在逐步縮小。陶小馬等[4]（2009）採用同樣的方法對工業部門的要素價格扭曲程度進行了研究，研究結果表明，能源價格存在嚴重扭曲，替代關係在一定階段內存在於勞動和能源之間，互補關係存在於原材料等要素和能源之間，而資本和能源之間的替代或者互補關係不明確。魯成軍等[5]（2008）以工業為樣本測算 Morishima 替代彈性，研究結果表明，資本和能源存在互補關係，而勞動和能源之間則是替代關係，工業部門能源的自價格彈性十分微弱，工業

---

[1] KHANNA N. Analyzing the economic cost of the Kyoto protocol [J]. Ecological Economics, 2001, 138 (1): 59-69.

[2] KEMFERT C, WELSCH H. Energy-capital-labours substitution and the economics efforts of co-abatement: evidence for Germany [J]. Journal of Policy Modeling, 2000, 22 (6): 641-660.

[3] 鄭照寧，劉德順. 考慮資本—能源—勞動力投入的中國超越對數生產函數 [J]. 系統工程理論與實踐，2004 (5): 51-54.

[4] 陶小馬，邢建武，黃鑫，等. 中國工業部門的能源價格扭曲與要素替代研究 [J]. 數量經濟技術經濟研究，2009. (11): 3-16.

[5] 魯成軍，周端明. 中國工業部門的能源替代研究——基於對 ALLEN 替代彈性模型的修正 [J]. 數量經濟技術經濟研究，2008 (5): 30-43.

增長與勞動力稟賦的結合帶來了工業能耗的下降。楊福霞等①（2011）選取了1978—2008年的數據，利用超越對數生產函數估算能源與資本和勞動力之間的希克斯替代彈性，研究結果表明，能源與資本之間、能源與勞動之間的替代彈性分別為0.49和1.03。樊茂清等②（2009）以製造行業為對象，考察對外貿易和要素替代對能耗強度的影響。他將結構參數和非中性技術進步加入方程，研究結果表明不同的製造業的要素替代特徵差異較大，Morishima互補關係在資本和能源之間不存在。

這些圍繞能源消費和能源效率的大量研究，為中國節能經濟機制的設計和節能路徑的選擇提供了細緻、全面的背景。本書正是在這些研究的基礎上，通過比較、分析和判斷，並結合當前中國工業節能領域存在的問題，形成了本書的研究思路。

1.2.4　經濟機制及其設計的理念

（1）理論起源及發展

機制設計理論最早由諾貝爾經濟學獎獲得者利奧·赫維茨③於1960年提出。他研究的問題是，對於一個任意的經濟主體或者經濟社會目標，基於信息不完全、自由選擇等分散化決策的背景，如何設計出一種有效的經濟機制，使參與經濟活動者的利益與機制設計主體的目標一致。機制設計理論和傳統經濟學的研究方法不同，傳統經濟學研究法的出發點是將市場機制作為已知條件，從而研究它導致的市場配置有怎樣的差異，而機制設計的研究方法是將經濟社會目標作為先決條件，從而去尋找實現這種既定目標的合理的經濟機制。也就是說，在參與對象開展經濟活動的過程中，經濟機制設計者通過構造一種具體的博弈形式，讓參與對象在自身效益最大化的條件下選擇的策略與約束條件相互作用，從而最終使市場配置的結果與既定的目標一致。經濟機制表現的是一個經濟系統內部各要素間如何相互作用、聯繫及制約的體系形式，在社會生產、消費、交換等各個領域都存在經濟機制的作用。「機制」這個詞語早期屬於工程學的概念術語，產生於希臘文mechane，原意為機械、機器或者構造

---

①　楊福霞，楊冕，聶華林. 能源與非能源生產要素替代彈性研究——基於超越對數生產函數的實證分析［J］. 資源科學，2011, 33（3）：460-467.

②　樊茂清，任若恩，陳高才. 技術變化、要素替代和貿易對能源強度影響的實證分析［J］. 經濟學（季刊），2009（4）：237.

③　HURWICZ L. Optimality and informational efficiency in resource allocation processes［J］. Mathematical Methods Social Sciences，1960, 89（353）：27-46.

等，後來逐漸發展到其他學科領域。如同工程領域的機械有其自身的運行機制，在經濟領域，社會肌體同樣有自身的經濟運行機制，這種機制在一定的經濟規律的支配下，同人的活動發生密切聯繫。在對經濟機制內涵和規律的把握過程中，不能僅僅把它作為一個物理機械的對象，而要關注機制背後關於人的主觀因素的分析，因為現實的經濟活動總是具有主觀因素的人的作用的結果，不管經濟活動的形式如何，勞動者和生產資料都是其必不可少的構成要素。經濟機制有其自身的規律，但這種規律必定體現在勞動者開展經濟活動的過程中，因此，在設計或者分析經濟機制時，既要把握注意客觀規律，更要重視人的主觀能動作用。

機制設計理論早期比較關注機制的成本計算和信息交換問題。20 世紀 70 年代，「顯示原理」和「執行理論」的發展使機制設計理論獲得了重大進展，Gibbard[1]（1973）第一個系統闡述了顯示原理。隨後，Dasgupta、Hanmaond 和 Maskin[2]（1979）、Harris 和 Townsend[3]（1981）等學者將其擴展成貝葉斯-納什均衡的一般思想。Myerson 等（1979[4]，1982[5]，1986[6]）在最一般化方面發展了這個原理，並開創性地將其應用於規制和拍賣理論等重要領域。但是顯示原理不能解決多重均衡問題，雖然最優的結果可能在某個均衡點實現，但更多時候參與者往往在次優均衡點上結束他們的選擇。因此，馬斯金（1977）創造性地提出了執行理論，構成了現代機制設計的關鍵部分。

（2）工業節能經濟機制構成及功能

經濟機制作為一種複雜的運行體系，主要由相互聯繫和制約的各種關係總和，以及推動這種關係總和運行的作用機制構成。關係總和和作用機制蘊含於經濟機制運行的過程中，通常是無形的，但經濟機制的設計和利用過程，即人們利用經濟規律發揮經濟機制作用的過程，通常具有有形的載體，一般包括經濟組織、經濟政策和經濟槓桿等組成部分。以工業節能領域的經濟機制為例，

---

[1] GIBBARD A. Manipulation of voting schemes: a general result [J]. Econometrica, 1973, 41: 587-602.

[2] DASGUPTA P, HAMMOND P, MASKIN E. Implementation of social choice rules: some general results on incentive compatibility [J]. Review of Economic Studies, 1979, 46: 181-216.

[3] HARRIS M, TOWNSEND R. Resource allocation under asymmetric information [J]. Econometrica, 1981, 49: 33-64.

[4] MYERSON R. Incentive compatibility and the bargaining problem [J]. Economitria, 1979, 47 (1).

[5] MYERSON R. Optimal coordination mechanisms in generalized principal-agent problems [J]. Journal of Mathematical Economics, 1982, 10 (1).

[6] MYERSON R. Multistage games with communication [J]. Econometrica, 1986, 54 (2).

它主要包括以下三個構成部分：第一，經濟組織，包括推進整個工業節能經濟機制運行的領導、組織和實施機構，中央政府、地方政府、專業管理機構（如行業主管部委、行業協會等）以及工業企業等微觀運行主體。第二，經濟政策，包括指導工業節能經濟活動開展的方針、政策及措施等，還包括可持續發展理念、財政政策、產業政策、區域政策、生態環境保護政策、激勵約束政策以及微觀環境中的企業技術、工藝、產品的節能措施等。第三，經濟槓桿，包括用來調節和引導工業節能經濟活動的稅收、價格、利潤、信貸等。這三個組成部分在工業節能經濟機制運行過程中相互聯繫，相互作用，經濟組織通過制定經濟方針和政策管理和推動工業節能工作的開展，而這些方針和政策要落到實處並產生效果，又必須通過經濟槓桿發揮作用。

在工業節能領域，其經濟機制的設計和運行不是自然形成的，而是對過去生產關係和經濟發展水準的延續，更是對工業領域現實能源利用效率情況及未來發展方向主動判別和選擇的結果。經濟機制的形成和發揮作用是一個不斷完善的過程，這個過程來源於我們對工業節能領域經濟規律的不斷認識和深化，我們掌握的規律越透澈，越有利於我們設計出更符合工業節能的經濟機制。這也是本書研究的一個出發點和歸宿點。本書以工業能源效率為線索，通過梳理當前運行中的工業節能經濟機制，找出近年來引起能效變化的主要影響因素的作用軌跡，以此判別到底是哪個環節在經濟機制中起了主要作用，從而發現當前工業節能經濟機制是否具有持續的效果，為將來工業節能領域經濟機制的完善提供思路。

經濟機制的功能主要包括以下三個方面：第一，資源配置功能。人類各種類型的經濟活動同自然資源之間的特定關係是資源配置問題產生的根源，而經濟機制對資源配置的作用主要表現在，經濟機制可以驅使資源盡量最大化地符合人的效用的配置狀態。具體表現為，經濟機制可以推動經濟主體積極確定目標，利用資源，有效組合資本、能源、勞動和技術等要素，從而保證經濟活動的產出效果。第二，動力功能。經濟機制的動力功能就是確保經濟主體積極開展經濟活動的推動力量，具體表現為，它採用一定的策略誘導、激勵經濟主體進行最優配置的經濟活動，從而持續地滿足社會和人類發展的需要。經濟主體的理性特徵促使其在經濟活動中天然地追求行為利益的最大化，並在行為過程中盡量保持最小的機會成本，而好的經濟機制具有一種內在的力量，這種力量會推動經濟主體在最大化效用和最小成本之間選擇最優的均衡。也就是說，效用是經濟機制的動力，而成本及需求等則是經濟機制的逆向約束，對經濟主體進行適當的制約，有點類似於物理界摩擦力對物體運動的效果，彼此相逆的阻

力形成了內在的推動力。因此，經濟機制的動力功能是通過激勵和約束兩種功能的同時作用完成的，激勵功能促使經濟主體積極主動地開展經濟活動並不斷優化對資源的配置，而約束功能則對經濟主體的經濟活動的某些方面進行約束，以保證經濟活動向預定的方向發展。在能源節約領域，政府可以通過一系列的制度設計，充分發揮經濟機制的動力功能，提高經濟主體改善能源效率的積極性，並約束能源浪費及污染物過度排放的行為，確保經濟活動符合人類社會可持續發展的方向。第三，風險轉移功能。人們在組織生產的過程中，總有許多不確定的因素，加之不斷變化的需求形式，使得原有的資源配置不一定符合效用最大化的要求。而好的經濟機制對於這樣的問題具有一定的風險轉移功能，具體體現為，以空間為坐標軸的全域範圍內和以時間為坐標軸的過去和將來的範圍內，經濟主體間或區域間的風險轉移和風險分散機制。例如，針對工業節能領域的企業或區域間的節能量、排污權交易，能源期貨市場、證券及保險市場以及規模經濟等。這種風險轉移功能在經濟機制驅動的資源配置中發揮著重要作用，能確保經濟活動持續、穩定的運行。

　　在亞當·斯密的理想中，市場這只「看不見的手」能夠自發地使資源實現有效配置，但現實的情況卻是，總是有各種各樣的約束條件，使這只「看不見的手」的作用無法充分發揮。例如，在存在外部性、信息不對稱、不完全競爭、公共物品、商品不可分以及規模報酬遞增等的情況下，市場就無法實現有效的資源配置，也就是說在這樣的情況下會存在市場失靈。以工業節能領域的信息不對稱為例，個人、企業、地方政府和中央政府所處的環境都是信息不完全的，任何一個主體都不可能完全掌握其他對象的所有「個體私人信息」（我們將地方政府和中央政府也看成個體）。由於無法掌握他人所有信息，因此每個主體都希望分散化決策，但是，現實的情況卻是，有關個體偏好、節能技術、節能產品等級等信息分散在不同的主體中，他們出於自身利益的需要而隱藏真實的信息，並且利用這種隱藏的私人真實信息來獲取最大化的個人效用。這樣的結果是中央政府無法完全瞭解地方政府的政策選擇偏好和區域企業的當下技術及規模狀況，地方政府在穩增長和降能耗的選擇之間徘徊，企業可能從中央政府和地方政府得到的指令強度不一致，社會公眾對工業節能產品的情況不瞭解從而無法選擇。這些現象導致每個主體做出的決策都不是最優的，特別是中央政府由於對真實情況掌握不完全，在指標設計和制度安排中，無法實現資源的有效配置。

　　既然天然的市場機制無法保證資源的有效配置，那麼是否存在其他有效的經濟機制來改進市場呢？換句話說，對於一定的經濟條件，是否存在某種有效

經濟機制來更好地實現資源配置的帕累托最優或者社會目標？如果有，那麼什麼樣的經濟機制是最優的？通常來講，判斷一個經濟機制的優劣有三個基本條件：資源配置是否有效；信息利用是否有效；各主體間是否激勵相容。資源配置的有效性通過帕累托最優來判別，信息利用的有效性取決於機制運行的成本是否最低，而激勵相容體現的則是各主體的利益與社會目標利益在多大程度上具有一致性。我們清楚了好的經濟機制的含義，那麼接下來的問題是，如何設計出好的經濟機制呢？與赫維茨教授共同獲得諾貝爾經濟學獎的馬斯金、邁爾森二人，在前者研究的基礎上進一步發展機制設計理論，通過對個人激勵和私人信息的解釋和量化，幫助決策者區分市場是否良好、方案是否有效，判斷交易機制和管制方案是否有效，等等。

（3）經濟機制設計的關注點

經濟機制設計最為關注的兩個問題是激勵相容（Incentive Compatibility）和信息效率（Informational Efficiency）。激勵相容是經濟機制設計最為核心的概念，這個概念是赫維茨[1]於1972年提出的。一個激勵相容的經濟機制會讓參與的主體認為，如實報告自己的私人信息是在這個機制中比較占優的策略均衡，在這樣的機制下，每個參與主體按照自身效用最大化的原則選擇個體目標，而機制運行的最終客觀效果卻是總體預期的經濟社會目標也得以實現。信息效率關注的則是實現既定的經濟社會目標所需信息量的問題，即如何控制機制運行成本。一個好的經濟機制應當可以在較少的有關經濟活動的參與者的信息中良性運行且花費較低的信息成本。設計經濟機制和執行經濟機制的過程都需要傳遞有關信息，無論是對於決策者還是執行者，信息空間的維度越少，越能夠降低成本和保證效果。

如何理解激勵相容呢？我們知道，個體內在地追求自身利益是現代經濟學的基本假設，經濟機制設計理論將此假定進行深化，認為在信息不完全的條件下，參與主體除非得到好處，否則通常不會真實顯示個人的私人信息。「真實顯示偏好不可能性」定理就是在這樣的情況下由赫維茨提出的，在他的定理裡，任何自發的經濟機制，只要參與經濟活動的個體是有限的，在新古典類經濟環境和參與配置為個人理性的約束條件下，都不存在導致市場配置帕累托最優且使參與的每個主體都真實顯示自己私人信息的特徵。因此，個體需要採取分散化的決策方式進行選擇或配置資源。對經濟機制的設計者而言，在信息不

---

[1] HURWICZ L. On informationally decentralized systems [J]. Decision and Organization, 1972: 297-336.

完全的情況下,他所要堅持的一個基本原則就是,自己所設計的機制能夠激勵每一個參與主體,讓參與主體在實現自己個人效用最大化的同時能夠同時實現預期的社會目標。

可以看出,經濟機制設計過程中激勵相容的問題是非常有意義的,因為對個體效用最大化的考慮以及信息不對稱條件下隱藏私人信息的假定是真實存在的,而且現實生活中個體利益和社會利益總是會出現不一致的地方,通常在這樣的情形下,顯示私人信息並非占優均衡策略,而在別人顯示私人信息的時候,可以虛假顯示自己的偏好從而操縱最後的結果並獲取利益。我們從中得到的思考在於,資源配置的帕累托最優和個體顯示真實的偏好通常無法同時實現,因此在經濟機制設計中,必須正視這一客觀現實。如果希望機制產生資源配置帕累托最優的效果,很多情況下就不得不放棄占優均衡的假設,從而將重點放在對激勵相容的設計上。在現實實踐中,很多基於良好出發點的政策規制的貫徹執行效果不好,更有甚者,某些參與個體利用既有政策來實現了個人利益的最大化,而預期的總體目標卻無法實現,從而導致嚴重的效率損失。從經濟機制設計的角度來看,產生這樣的後果的原因不僅僅是受制於技術條件或者物質條件的約束,更主要的是機制設計中激勵相容的條件考慮不充分,因此無法實現個體理性目標與總體預期目標的同時達成。經濟機制設計理論與傳統的理論相比,不僅指出或者解釋了不可能的困境,而且為如何走出困境提供瞭解決辦法,通過設計經濟機制,讓參與經濟活動的主體顯示個體偏好,由經濟機制的約束條件和個體偏好共同決定的行為選擇最終保證社會總體預期目標的實現。經濟機制設計的理論可以在最優稅收、壟斷定價、政策法規修訂、委託代理等領域被廣泛運用。

經濟機制設計理論對於處於政治、經濟社會制度轉型期和制度創新期的國家來說,具有非凡的現實意義。各個國家所處的政治環境和經濟環境各不相同,當新古典經濟學無法解釋現有的經濟環境的時候,就需要一種方法或者標準來研究和判別哪種經濟制度更具有優勢,並且需要一種理論來幫助我們進行制度選擇,而經濟機制設計理論就為我們提供了這樣一種方法。

(4) 經濟機制設計理論在中國的發展及運用

當前,中國正處於社會主義政治體制改革和經濟體制改革的深化期,在機制設計方面面臨許多新的變革。經濟機制設計能夠幫助我們分析體制轉型過程中遇到的問題,並對可能的後果進行預測研究和判別,特別是為在某些領域出現的「市場失靈」或者「政府失效」等問題提供解決的思路和辦法。此外,它還有利於我們對現行的制度進行比較、評價,從而修訂和完善現行制度。

經濟機制設計理論在中國的發展主要有兩個階段：第一階段為20世紀80年代到21世紀初期，部分學者對經濟機制設計及其理論開展初步的研究和評價。田國強（1987[①]、2003[②]）是較早對經濟機制設計理論進行研究的學者，他系統地研究了經濟機制設計的理論起源、核心概念和應用領域等。李巍巍、施祖麟[③]（1993）在田國強研究的基礎上對經濟機制設計的模型、配置機制等進行了研究。他們認為，經濟機制設計理論將私有品和公共品所依託的經濟環境分開研究所得出的結論是令人驚喜的，將微觀主體置於利益矛盾的博弈環境中，運用不同的行為構型和多重評價標準解決分散化的決策效果是其他方法不能比擬的。隨後，李巍巍等[④]（1994）著眼於計劃和激勵，從全局對策和局部對策兩個角度進一步完善了經濟機制設計的模型，對模型設計的前提和假設進行了界定。總體來說，這一階段的研究以初步的理論介紹和定性的評價為主，對於將經濟機制設計理論運用到某個行業或領域的研究較少，理論成果不多。第二階段為2007年至今。隨著2007年赫維茨、馬斯金和邁爾森因為機制設計理論而獲得諾貝爾經濟學獎，機制設計理論受到了國內更多學者的關注。何光輝、陳俊君等[⑤]（2008）對經濟機制設計理論進行了全面、深入的梳理。孫瑛、殷克東等[⑥]（2008）將該理論運用到能源循環利用領域。他們通過計量模型發現，企業不具有自主激勵進行能源循環利用的技術投入，因此需要設計機制和建立博弈模型激勵企業選擇能源的循環利用。龔強[⑦]（2008）從經濟機制設計的角度研究了中國的可持續發展，認為開展自主技術創新是中國可持續發展的根本，必須建立和完善包括專利制度在內的一系列制度保障。馬本江、徐晨[⑧]（2011）從「存在經濟人」假設和效率不減原理的基礎上研究機制設計，

---

① 田國強. 經濟機制設計理論 [J]. 知識分子，1987（2）：59-63.
② 田國強. 經濟機制理論：信息效率與激勵機制設計 [J]. 經濟學季刊，2003（2）：271-308.
③ 李巍巍，施祖麟. 經濟機制設計理論評介 [J]. 數量經濟技術經濟研究，1993（9）：58-62.
④ 李巍巍，施祖麟. 計劃與激勵：經濟機制設計理論的模型方法及思考 [J]. 數量經濟技術經濟研究，1994（4）：54-60.
⑤ 何光輝，陳俊君，楊咸月. 機制設計理論及其突破性應用——2007年諾貝爾經濟學獎得主的重大貢獻 [J]. 經濟評論，2008（1）：149-154.
⑥ 孫瑛，殷克東，高祥輝. 能源循環利用的制度安排與經濟的和諧增長：基於政府的機制設計 [J]. 生態經濟（學術版），2008（2）：99-103.
⑦ 龔強. 機制設計理論與中國經濟的可持續發展 [J]. 西北師大學報（社會科學版），2008（2）：109-114.
⑧ 馬本江，徐晨. 論「存在經濟人」假設、經濟機制設計與效率不減原理 [J]. 經濟問題，2011（12）：4-9.

認為機制設計對社會主義初級階段經濟制度的安排具有非凡的意義。李斌、彭星[1]（2013）在研究環境機制設計、技術創新和綠色發展方面引入了機制設計理論，通過實證檢驗政治晉升、財政分權、政府干預經濟程度、命令控制式環境規制、資本體現式技術進步水準等五個指標對碳排放的影響，提出了完善綠色發展的經濟機制。

綜合國內外的研究情況，對經濟機制及其設計的研究從理論和宏觀層面進行研究的較多，結合具體部門、行業或者微觀經濟活動進行運用和設計的研究較少，特別是在工業節能領域，對整體的經濟機制設計進行系統研究和設計的很少。本書在這些前期研究成果的基礎上，將經濟機制設計的理論和方法運用到工業行業的節能領域，充分體現激勵相容和顯示原理在工業節能經濟機制設計中的作用，關注工業企業、地方政府在公共品供給中的占優策略行為，進一步拓展經濟機制理論的應用領域，豐富經濟機制設計研究的理論成果。

1.3 研究的思路、內容及方法

1.3.1 研究的思路及框架

本書以中國工業部門為研究對象，從工業節能領域的現狀和問題出發，圍繞能源效率這一經濟學指標並從其變化的歷史特徵、結構性特點入手，以能源效率演化機制的影響因素為主線，從經濟機制的角度按照「特徵描述—實證檢驗—政策評價—機制分析—路徑設計」的邏輯進程展開研究。

首先，從能源消費與經濟增長的關係探尋入手，梳理工業能源消費的歷史脈絡，分析工業能源消費的現實特徵，以能源效率為指標，對工業節能的影響因素進行分析。從節能約束體系的形成、政府的策略選擇以及經濟機制的著力點是否具有長效性等方面對當前工業節能經濟機制的設計模式進行再思考和評價。其次，在定性分析的基礎上，通過實證模型刻畫和度量能耗水準的影響程度，識別工業能源效率變化的機理，檢驗哪些因素和變量是影響工業節能水準的主要原因。再次，採用經濟機制設計理論，對工業節能的目標設定、激勵政策和力度、監督懲罰機制等內容進行分析。最後，構建工業節能經濟機制設計的政策建議體系，為工業節能路徑提供機制選擇的基礎。

---

[1] 李斌，彭星．環境機制設計、技術創新與低碳綠色經濟發展［J］．社會科學，2013（6）：50-57．

本書的思路框架如圖1-1所示。

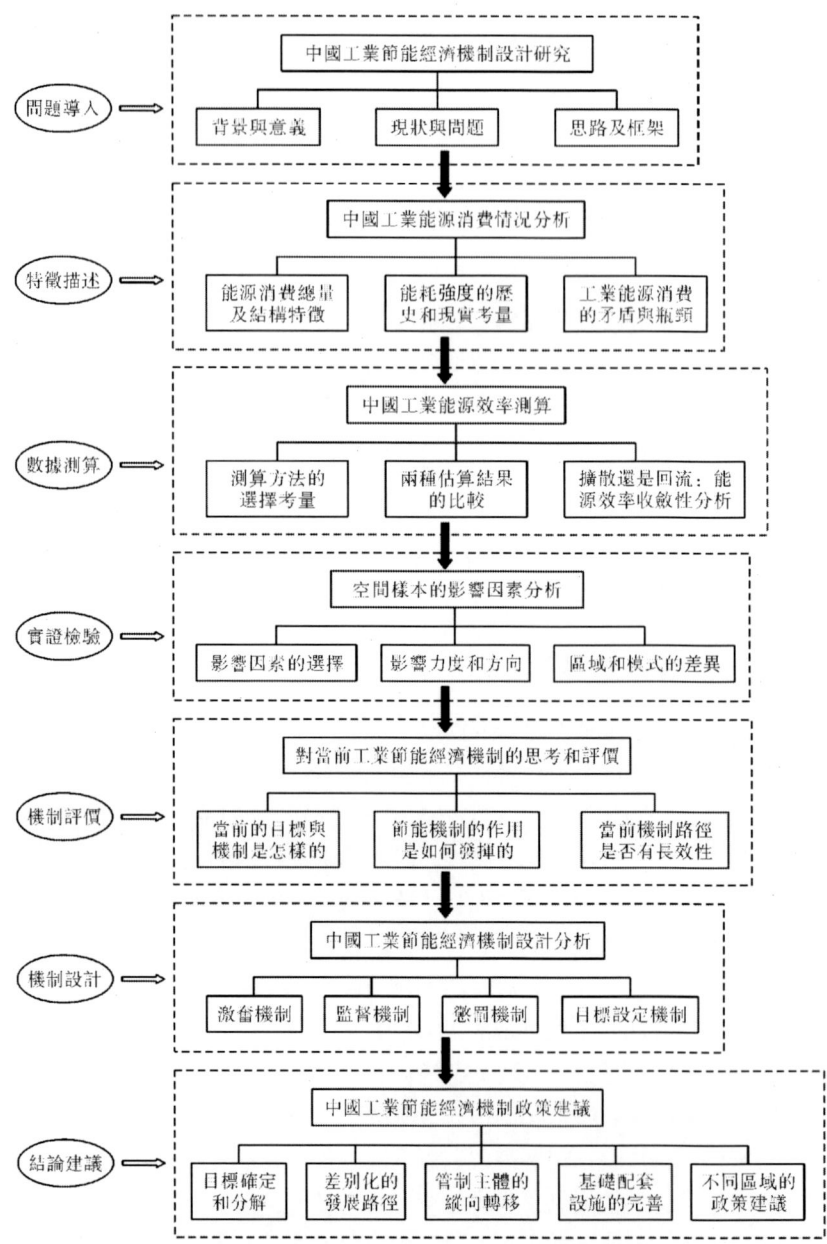

圖1-1 中國工業節能經濟機制設計研究思路框架

1.3.2 研究的主要內容和方法

本書從現實中的工業節能困境入手，試圖尋找符合當前工業發展階段和區域異質特徵的節能經濟機制，在赫維茨經濟機制設計理論的分析框架下，綜合中外文獻的研究成果，圍繞工業能源效率變化的歷史脈絡，從影響因素到經濟機制評價、刻畫和機制設計層層剝離，主要章節安排如下：

第一章：從現實中中國能源消費和能耗強度變化的軌跡出發，針對存在的現象提出問題，在對比、總結國內外相關文獻的基礎上，形成文章研究的思路和框架。

第二章、第三章：從總量、結構、區域和行業等角度分析中國能源消費的特徵，梳理作為中國能效考核指標即「能耗強度」的歷史變化軌跡，對工業能源消費的矛盾和瓶頸進行分析。用超效率 SSBM-DEA 模型對中國的能源效率進行測算，並與包含非合意產出的能源效率進行對比和評估。對工業能源效率究竟是存在擴散效應還是回流效應進行收斂性檢驗。

第四章：從經濟機制設計的要素出發，構建省際能源效率影響因素的面板模型，實證分析不同影響因素對能源效率的作用機制和影響路徑，同時從區域空間的維度，分析在不同發展水準、經濟結構和資源稟賦的區域特徵情況下能源效率的變動特徵。

第五章：對當前中國工業節能經濟機制進行思考和評價，從當前節能管制路徑的形成、地方政府的策略選擇以及節能路徑的著力點等方面出發，對當前節能指標的選擇、目標的確立和分解體系、長效機制的建設等問題進行分析。

第六章：運用經濟機制設計理論，在博弈、激勵相容、分散決策、信息有效性等經濟學理論的基礎上，對工業節能主體互動機制、激勵機制、監督和懲罰機制、目標函數設定機制等進行刻畫，解決工業節能過程中存在的外部性、信息不對稱、策略性行為和資源配置問題。

第七章、第八章：針對前文存在的問題，從科學確定目標和分解體系、實行差異化的節能路徑、節能管制主體從縱向到橫向的轉移、節能配套措施以及分區域的具體措施等方面提出對策建議，並對研究的主要結論進行總結，提出下一步研究的方向。

本書以工業能源效率的變化為考察對象，在梳理歷史數據和分析現實問題的基礎上，從經濟機制的角度對工業節能的政策路徑進行評價和刻畫。本書採取定性分析與定量分析結合、規範分析與實證研究結合、理論分析與實際問題政策建議相結合以及比較分析與經驗研究結合的研究方法，輔以數據、圖表進

行客觀的分析，主要包括運用超效率 SSBM-DEA 模型對能源效率進行測算，通過地區固定效應的空間滯後面板模型檢驗影響因素對能源效率的作用機理及作用方向，等等。

1.4 本研究可能的創新點

第一，在工業節能的研究領域，對具體經濟政策（如節能財稅政策、節能融資政策、節能產業發展政策等）的研究文獻較多，但從經濟機制設計的角度來開展研究的很少，在中國知網中搜索以「節能、經濟機制」為關鍵詞的文章，至今沒有一篇以此為主題的博士論文，從這個意義上說，本書在選題上具有一定的創新意義。本書在赫維茨經濟機制設計理論的基礎上，利用激勵相容、分散決策和信息有效等理論和方法，從節能主體、節能政策和節能槓桿協調配合的角度，研究如何判斷節能經濟機制是否有效，以及如何設計工業節能經濟機制並較好地控制機制設計和運行的成本。本書不糾結於具體的節能經濟政策，而是從機制框架出發，研究如何實現機制的資源配置和風險轉移功能，讓節能主體在自身效用最大化的條件下選擇的策略與節能目標要求的約束條件相互作用，並最終帶來社會總體目標的達成。

第二，本書第六章在研究中國工業節能經濟機制設計的過程中，既研究了正向的激勵機制，又研究了負向的監督檢查和懲罰約束機制，重點研究在控制機制成本的情況下，通過激勵強度、檢查監督頻率、懲罰力度等政策的組合及力度的變化來實現更優的產出效用。特別是在對節能目標設定機制的研究中，通過增加中央政府和地方政府之間「對話階段」及考慮不同維度的向量信息，讓中央政府瞭解更多有關工業節能的經濟環境集，從而在二者互動博弈的過程中確定一個合理的目標函數值。在目前已有的文獻中，從上述視角和切入點進行研究的還非常少，本書的研究使經濟激勵政策理論的研究視角和維度更加豐富，所提出的決策方法對當前工業節能工作的目標確定和分解具有一定的現實意義。

第三，本書在對工業能源效率影響因素的實證研究中，選取了 12 種不同的因素，不僅分析各因素的影響方向，而且刻畫各因素的作用軌跡，試圖從工業能源效率各因素作用軌跡的變化曲線中找尋路徑形成的政策或機制原因。針對實證結果中與預期方向不符的影響因素，更進一步地，通過重新選取指標內容以及劃分不同能效區進行再次檢驗，並將兩種檢驗結果進行對比、分析，為機制設計的重點和節能政策的主要方向提供更為確切的實證依據。

2 中國工業能源消費的特徵描述及分析

2.1 中國能源消費的總量及結構特徵

2.1.1 中國能源消費的總量特徵

能源是中國經濟社會發展的動力，改革開放 30 多年來，中國經濟發展取得了舉世矚目的成就，國內生產總值從 1980 年的 4,546.6 億元上升到 2014 年的 636,463 億元，總量增長了近 140 倍。能源作為經濟增長的基礎要素投入，其消費量也從 1980 年的 60,275 萬噸標準煤，增加到 2014 年的 426,000 萬噸標準煤，年均增長超過 6%（見圖 2-1）。能源生產量和消費量在 1980—1992 年

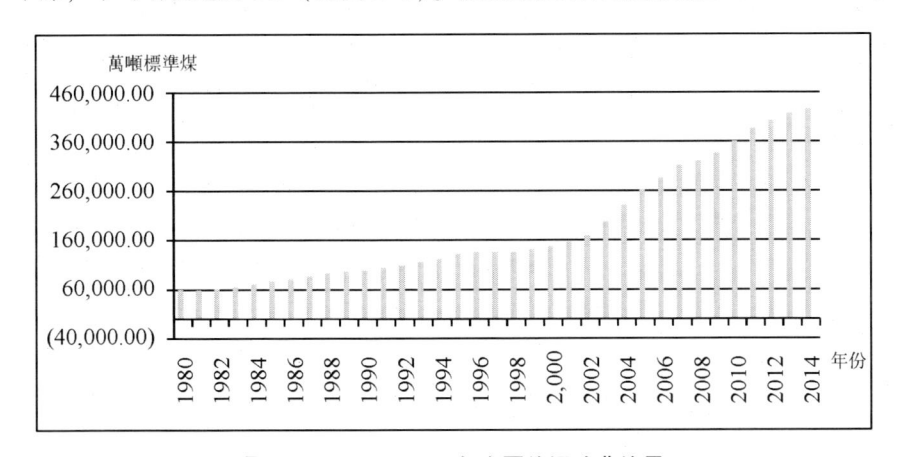

圖 2-1　1980—2014 年中國能源消費總量

數據來源：1980—2012 年的數據來源於《中國能源統計年鑒 2013》，2013 年和 2014 年的數據來自國家統計局官網。

比較均衡，自從 1992 年能源消費量首次超過能源生產量之後，能源消費缺口呈現越來越大的趨勢（見圖 2-2）。這一方面說明隨著中國經濟的增長，能源消費量在不斷增加；另一方面也反應出中國能源生產的供應能力不足，對中國經濟增長的制約越來越明顯。

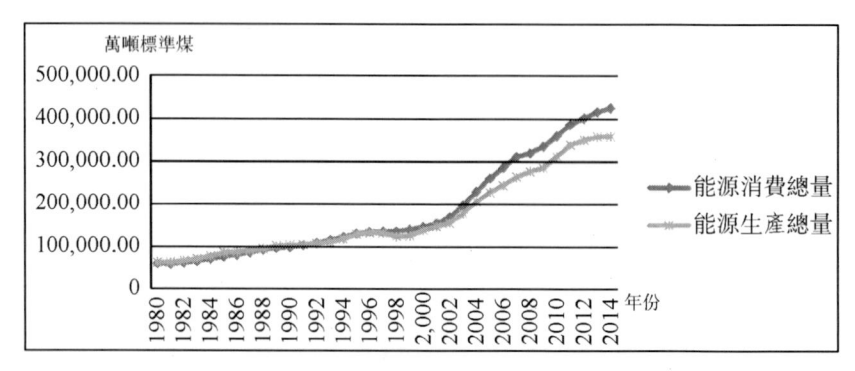

圖 2-2　1980—2014 年中國能源生產和能源消費總量

數據來源：1980—2012 年的數據來源於《中國能源統計年鑒 2013》，2013 年和 2014 年的數據來自國家統計局官網。

中國能源消費呈現明顯的階段特徵，1980—2001 年，能源消費保持較平穩的增長態勢，年均增長率保持在 5%～6%。但是從 2002 年起，中國的能源消費出現明顯拐點，2003—2005 年能源消費量劇增，增加速度是年均增速的兩倍以上，特別是 2003 年和 2004 年，增速超過了 15%。正是意識到這一點，中國從 2006 年起，將能源消費強度約束指標列入國民經濟和社會發展的規劃綱要中，「十一五」規劃中嚴格的能源消耗約束指標對能源消費起到了較好的引導和約束作用，能源消費量的增長速度重新回落到 10%以下。中國 1980—2014 年的能源消費彈性系數如圖 2-3 所示。

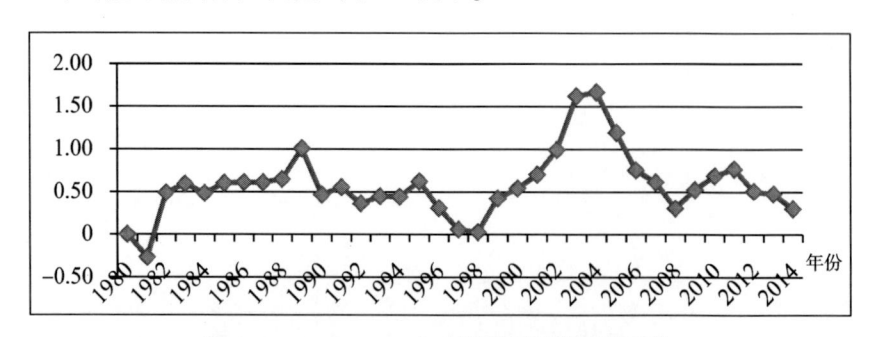

圖 2-3　1980—2014 年中國能源消費彈性系數

數據來源：國內生產總值數據來源於《中國統計年鑒 2013》和國家統計局網站，能源消費數據來源於《中國能源統計年鑒 2013》和國家統計局網站，彈性系數為計算所得。

中國經濟發展對能源要素的依賴可以從對二者的對比性分析中看出，如圖 2-4 所示，2002 年以前，能源消費的增速一直低於國內生產總值的增速，基本和經濟的增速保持一致，但是從 2002 年開始，能源消費的增速突然反超經濟增速，長期小於 1 的能源消費彈性系數開始大於 1，2006 年後這種不合理的增長才得以抑制。

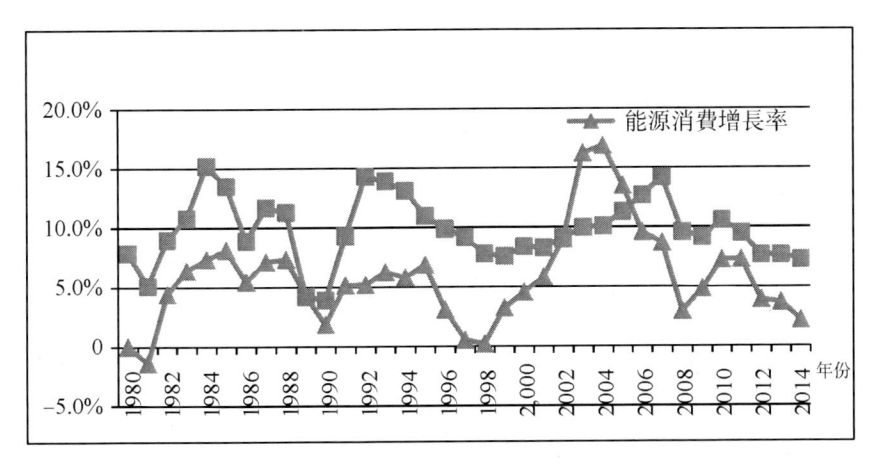

圖 2-4　1980—2014 年中國能源消費增長率和國內生產總值增長率變化

數據來源：《中國統計年鑒 2013》《中國能源統計年鑒 2013》和國家統計局網站。

2.1.2　中國能源消費的結構特徵

從能源供給的區域結構來看，中國的能源分佈極不均衡，能源賦存區域與消費地域相距較遠。煤炭、石油、天然氣及水力資源等大部分分佈在西部地區，而能源的需求中心則大部分在離資源賦存區 1,000 千米以上的東部沿海地區，地理距離的遙遠讓能源不得不進行大規模、長距離的輸送。能源和產品在輸送過程中不僅耗費巨大，而且會產生一定的效率損失。這種能源格局影響了中國工業的協調發展，對經濟增長也有一定的制約作用。

從能源供給的品種結構來看，中國能源生產一直以煤炭為主，「富煤、貧油、少氣」是中國能源稟賦的特徵。1980 年以來，中國原煤產量以平均 6% 的速度增長，對中國經濟持續增長起到了重要的支持作用。近年來，隨著生態約束的增強，國家大力推廣使用更清潔的一次能源和開發可再生能源，煤炭產量比重有下降的趨勢，但直到 2014 年，煤炭在能源總量中的比重仍在 66% 以上。這種特殊的能源稟賦條件，使得中國的能源消費也形成了以煤為主的結構。2014 年，中國煤炭消費量為 1,962.4 百萬噸油當量，占世界煤炭消費總量的

50.6%，是世界能源消費結構唯一以煤為主的國家，遠遠超過煤炭消費量排名第二的美國的 11.6%。中國除了交通運輸業之外，國民經濟的各產業部門大多以煤或者煤的衍生品作為主要的能源要素投入，並且形成了以煤炭為基礎的技術、裝備和工藝結構。

圖 2-5 和圖 2-6 是中國一次能源消費結構及煤炭消費占比情況。由圖 2-6 可以看出，中國的煤炭消費一直占能源消費總量的 70%左右，並呈現出一定的階段性變化特徵。1980—1990 年，隨著計劃經濟向市場經濟的轉型，工業部門的活力得以釋放並獲得高速發展，但由於發展初期生產規模和技術都處於較低水準，技術結構對煤炭依賴較多，工業部門的持續增長也帶動了煤炭消費的相應增長，這期間煤炭消費一直保持增長的態勢，在能源消費總量中的占比從 72.7%上升至 76.2%的峰值。自 1990 年開始，隨著中國對外開放程度進一步加深，外資流入國內的速度和規模大大提高，衍生而出的技術革新、技術引進等改變了各產業部門的技術及工藝結構。由於發達國家的技術更多是在石油、天然氣等清潔能源的基礎上形成的，技術的擴散降低了中國對煤炭的依賴，從而使中國經濟基礎要素配置環節的特徵也得以改變。此外，鐵路、公路等基礎設施建設的改善，增加了以石油為主要能源消費的交通運輸業的份額；經濟體制改革帶來的第三產業的迅速發展等，使能源消費結構中清潔能源的比重有一定幅度的上升，煤炭消費份額出現了下降的趨勢。2002 年，這一趨勢出現逆轉。由於城鎮化速度加快，國家面向基礎設施建設的投入增大，帶動了鋼鐵、水泥、玻璃等高耗能產品的需求，這個時間段相關產業部門迅速膨脹，對煤炭的需求也急遽攀升，煤炭在能源消費中的份額再次增加。

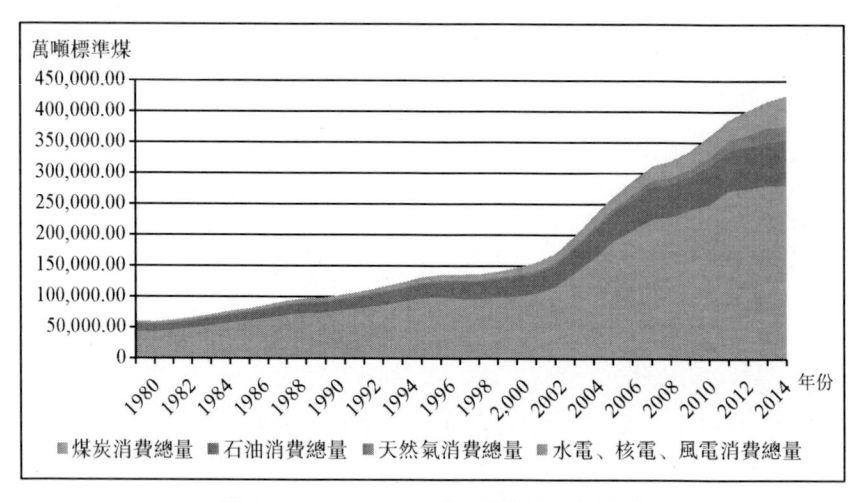

圖 2-5　1980—2014 年中國能源消費結構

數據來源：《中國能源統計年鑒 2013》和國家統計局網站。

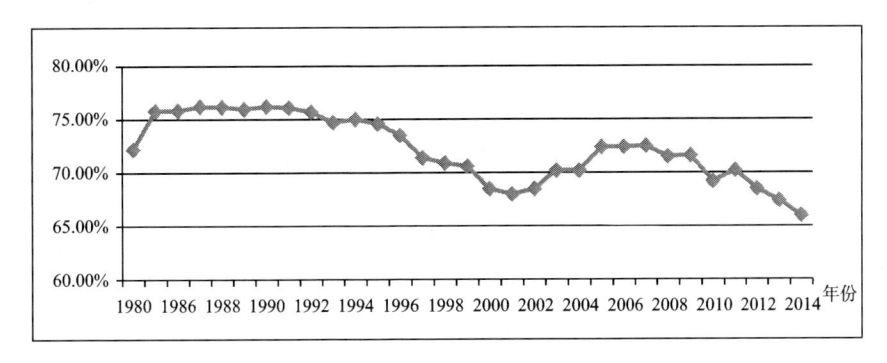

圖 2-6　1980—2014 年中國煤炭消費占比情況

數據來源:《中國能源統計年鑒 2013》和國家統計局網站。

在一次能源的消費結構中,非化石能源和天然氣的份額一直保持緩慢增長的態勢,由於輸氣管線的建設,尤其是「西氣東輸」工程的推進,天然氣的消費份額在 20 世紀 90 年代經過一個微弱的下滑區間後開始穩步、緩慢上升,特別是進入 21 世紀後,上升趨勢比較明顯。總體來看,水電、核電、風電等非化石能源和天然氣在能源消費構成中占比不大,但一直保持較好的上升態勢,這對生態環境約束壓力起到了一定的緩解作用,並一定程度上降低了能源供應的緊張趨勢。

2.2　中國能耗強度的歷史和現實考量

2.2.1　能耗強度變化歷史數據梳理

中國改革開放以來的經濟持續增長,帶動了能源消費總量的不斷增加,但是從能源消費與國內生產總值的比較分析中我們可以發現,長期來看,中國經濟增長對能源消費的依賴性在逐步減弱,單位產值的能耗在不斷下降。

如圖 2-7 所示,中國的能耗強度在 1980—2002 年這個區間範圍內是一條明顯的直線下降趨勢線,能耗強度從 13.26 噸標準煤/萬元到下降到 2002 年的 1.40 噸標準煤/萬元。史丹[①](2002)分別從短期波動和長期趨勢的視角分析了原因,認為經濟體制改革、結構調整和對外開放是這個階段能耗強度下降的主要因素。首先,隨著經濟體制改革的深入,市場機制發揮著愈益重要的作

---

① 史丹. 中國經濟增長過程中能源利用效率的改進 [J]. 經濟研究, 2002 (9): 49-56.

用，企業及行業間的競爭更加充分，經濟效率得以改善；其次，隨著財富的累積和人們收入水準的提高，第三產業迅速發展，工業內部的民營經濟也得到發展，工業部門內部過分集中於重工業的結構性矛盾得以緩解。最後，對外開放加速了技術革新的步伐，能耗和污染排放水準較低而產出較高的先進技術的引進和流入，使中國的能源利用效率有較大幅度的提升。在這三方面的作用下，中國能耗強度持續下降，甚至在 1997—1999 年，在保持經濟增長的同時，能源消費量不升反降。對此階段能源消費量的負增長，學術界一直存在分歧，孟連等①（2000）認為可能是高估了國內生產總值，或者低估了能源消費量導致出現負增長，史丹（2002）則認為這是結構調整和能源效率改善所致。

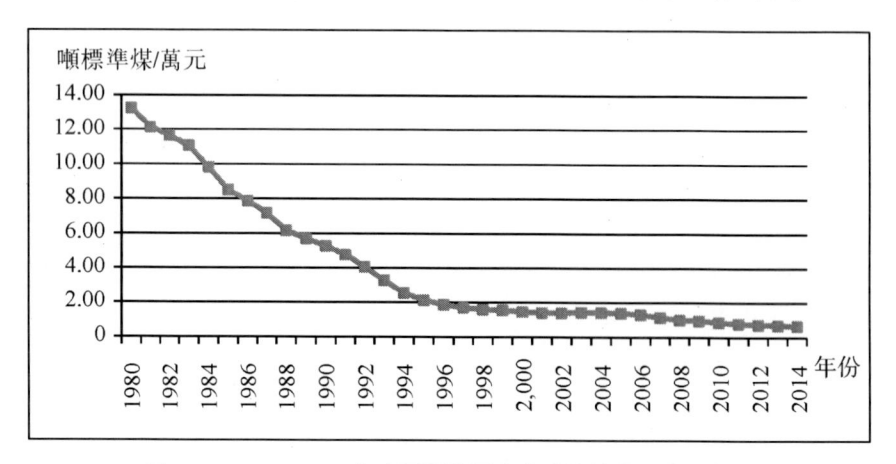

圖 2-7　1980—2014 年中國單位國內生產總值能耗強度變化

數據來源：《中國統計年鑒 2013》《中國能源統計年鑒 2013》和國家統計局網站，能耗強度為計算所得。

　　進入 21 世紀以來，中國能耗強度的變化開始出現較大的波動。自 2002 年開始，長期以來的能耗下降曲線出現逆勢上揚，2004 年，萬元國內生產總值能耗強度較 2002 年增加了 10.29%。而且經濟高速增長帶來的能源消費驟然增加，對中國的能源安全形勢形成較大衝擊，各地頻現油荒、煤荒，能源價格大幅上漲，對經濟增長的瓶頸約束凸顯。部分學者認為工業內部重工業份額的增

---

①　孟連，王小魯. 對中國經濟增長統計數據可信度的估計 [J]. 經濟研究，2000 (10)：3-13.

長導致了這一階段性的變化。張宗成①（2004）、何建坤②（2005）等的研究認為，城鎮化的大力推進、大規模的基礎設施建設等，導致工業部門整體份額提升的同時也使工業內部的行業結構產生變化，而高耗能產業份額增加導致的工業內部結構的變化則反應到能源消耗強度這一指標上。此外，從國民經濟各產業部門各自的占比來看，工業部門整體份額的上升，也拉高了全社會的能耗水準。無論如何，多種因素導致了這個階段能耗變化的不規律性，這種不規律性不僅給能源供應帶來巨大壓力，而且增加了經濟增長的不確定性和複雜性，政府進行宏觀調控和經濟機制設計的難度隨之加大。從這個階段開始，政府不僅從能源安全的角度關注能源消費，更關注如何提高能源利用效率，從而破解能源消費對經濟持續增長的瓶頸約束。正是在這樣的現實條件下，中國從2006年的「十一五」規劃起，首次將單位國內生產總值能耗強度下降指標納入政府的規劃綱要，從而抑制了自2002年以來的能耗水準上揚的趨勢，並在「十一五」期間實現了能耗下降20%的目標。「十二五」期間能耗下降16%的目標也順利完成。

2.2.2 能耗強度的區域及產業分佈特徵

由於中國區域經濟發展不均衡的特徵，各省份的經濟發展水準、發展模式、技術水準、產業結構等都存在較大的差異，能源消費的情況各不相同，因此，能耗水準差異也較大。

圖2-8是2013年各省份的能耗強度水準的一個數據對比，能耗強度值最高的是寧夏，為2.05噸標準煤/萬元，而能耗強度最低是北京，只有0.38噸標準煤/萬元，前者是後者的5.39倍。能耗水準同處高位的寧夏、青海、山西、內蒙古、新疆等既屬於能源生產大省，又屬於傳統意義上的西部經濟欠發達地區。沿海的省份和城市經濟體，如北京、上海、廣東、浙江、江蘇等，能耗強度水準則比較低。因此，從區域的角度來看，能源消費強度的分佈與傳統的東部、中部和西部經濟區域的劃分十分契合，從東部到中部，再到西部，能耗強度水準遵循逐漸由低到高的變化規律。

---

① 張宗成，周猛. 中國經濟增長與能源消費的異常關係分析 [J]. 上海經濟研究，2004（4）：41-45.
② 何建坤，張希良. 中國產業結構變化對GDP能源強度上升的影響及趨勢分析 [J]. 環境保護，2005（12）：37-41.

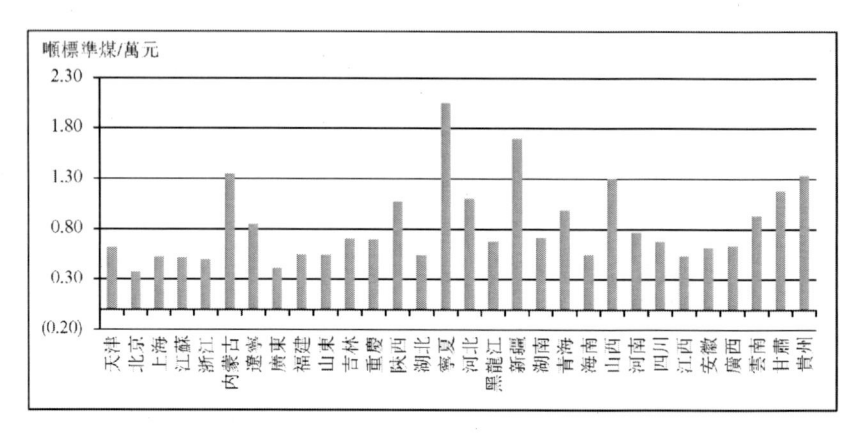

图 2-8 2013年各省份單位地方生產總值能耗強度對比

數據來源：國家統計局官網和各省份統計局官網，能耗強度為計算所得。

從不同產業部門的能耗強度來看（見圖 2-9），能耗水準最高的是第二產業，其次是第三產業，第一產業能耗水準最低。第一產業和第三產業的平均能耗強度均低於全國總體能耗強度，而第二產業的能耗強度高於全國平均水準。不同產業之間能耗變動的曲線各不相同，由於能源消費大部分集中在工業部門，工業能耗的變動曲線與全社會總體能耗變動曲線基本相同，這說明中國全社會能耗水準的降低將主要取決於工業能源消費的變化。農、林、牧、漁等第一產業部門和商業、服務業等三產部門的能耗強度在前期沒有明顯的上升或下

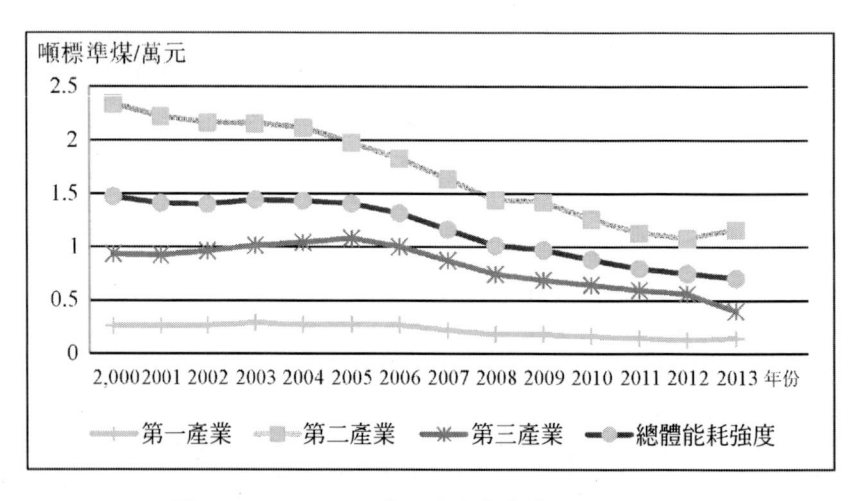

圖 2-9 2000—2013年三次產業總體能耗強度對比

數據來源：國家統計局官網。

降的趨勢，維持在一個較平穩的相似水準上，從 2005 年開始，呈現出逐漸下降的趨勢。從圖 2-9 中我們可以看出，能耗變化軌跡在不同產業部門存在差異，如果我們要實現既定的節能目標，那麼工業將承擔主要的能耗下降任務，因此，更多地關注產業內部節能目標的分解，似乎是保證全社會總體節能目標實現的必由之路。

2.3 中國工業能源消費的矛盾及瓶頸分析

2.3.1 工業能源消費總量的變動情況

1980 年，中國工業能源消費總量為 38,986 萬噸標準煤，到 2013 年這個數字達到 291,130 萬噸標準煤（見圖 2-10），年均增速 8.35%，工業能源消費的增速超過全社會總體能源消費的增速。

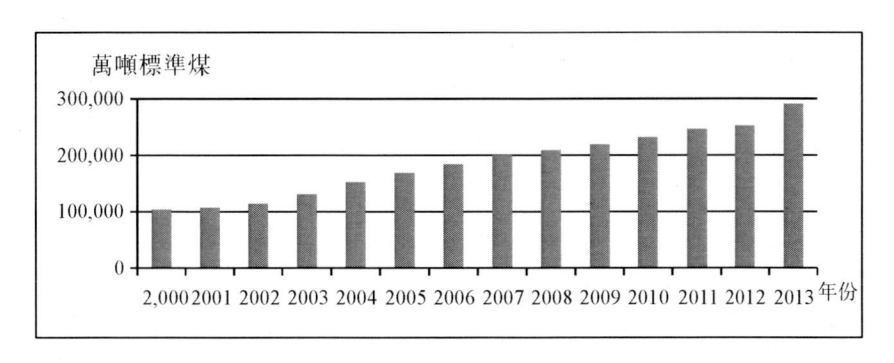

圖 2-10 2000—2013 年中國工業能源消費總量

數據來源：國家統計局網站。

發達國家國民經濟各部門間的能源結構一般表現為「三三分」的佈局，即工業、建築業和交通運輸業大約各自占 1/3。中國的能源消費則主要集中在工業部門，一直保持大約 70% 的占比，而第三產業的能耗占比還不到 20%。中國分行業能源消費情況如圖 2-11 所示。

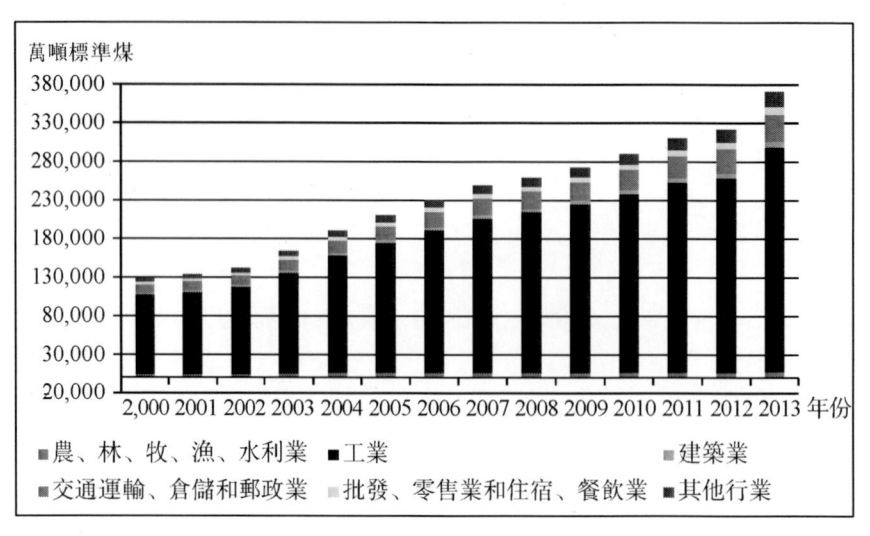

圖 2-11　2000—2013 年分行業能源消費情況

數據來源：國家統計局網站。

能源消費過度集中在工業部門，使得能源安全供應和能源管理的難度增大。當工業增速加快時，對能源的需求會在短時間內放大，出現能源短缺，尤其是對電力的需求，因為電力難以直接進口，需要進行二次轉換，而且發電、輸送、配電等環節的建設都是比較浩大的工程，投入大且建設週期長，無法在較短的時間內形成供應能力。如果能源供需缺口突然擴大，能源價格會迅速上漲，從而通過價格鏈條傳導到產品的生產成本裡，帶來巨大的通脹壓力。而當工業增速放緩或出現回落時，對能源消費的需求會大幅度縮減，出現供大於求的局面，從而導致能源產能過剩，供求關係改變會帶來能源價格的下降，不利於能源供應能力的建設。2003—2004 年的電力需求矛盾充分表現了這一特徵。這樣的變化對中國經濟的平穩、健康發展帶來極大的衝擊，增加了波動程度和風險性。

2.3.2　工業內部結構特徵帶來的節能壓力

從工業內部結構來看，由於各工業行業產品屬性差異較大，其能源消費量也存在巨大差異，如圖 2-12 所示，2013 年，電力、石油、鋼鐵、化工、建材、有色等六大高耗能行業能源消費量合計約 21.35 億噸標準煤，占工業終端能源消費總量的比重達 73.34%。

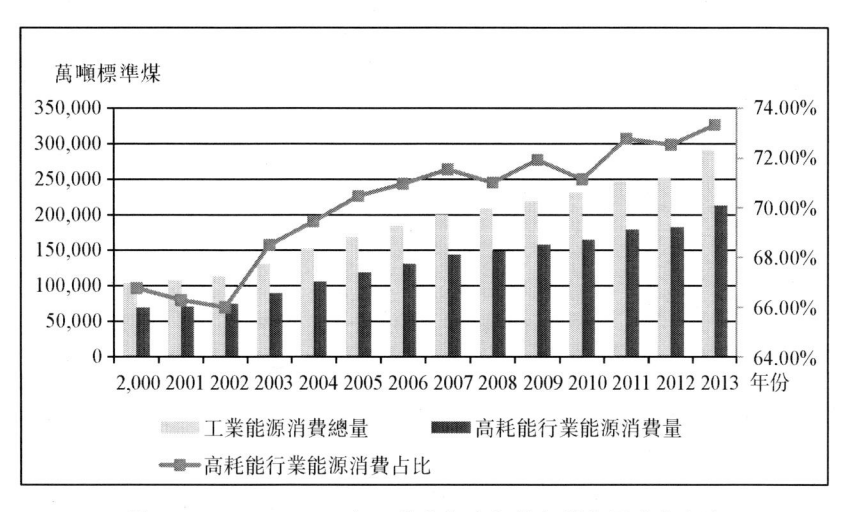

圖 2-12　2000—2013 年工業內部高耗能行業能源消費占比

數據來源：國家統計局網站。

高耗能行業在工業內部的能源消費占比過高，導致整個工業的能源消耗強度水準對這幾個行業的變化波動十分敏感，因此，相較於其他行業，政府給予了高耗能行業更多的關注。近年來，高耗能行業的能耗水準呈現明顯的下降趨勢，這與政府更嚴格的監控和管制、行業能耗准入限制、企業技術改造升級、行業最低規模限制等不無關係。整個「十一五」和「十二五」期間，節能的重點都放在落後產能的淘汰、重要節能工程的實施和重要行業的監管上便充分說明了這一點。

值得注意的是，從圖 2-12 中我們可以看出，2000—2002 年高耗能行業的能源消費呈緩慢下降的趨勢，但從 2003 年開始，高耗能行業的膨脹速度十分明顯，特別是在 2005 年之後，在國家硬指標的約束下，高耗能行業的份額並沒有整體下降，反而逐年攀升。這提醒我們，雖然政府的一系列管控措施帶來了工業領域能耗水準的顯著下降，但並沒有導致相應的結構改變。換句話說，我們更多地致力於行業內能效的改善，卻忽視了工業內部結構調整的巨大作用。如果我們繼續這種節能路徑的話，未來的節能之路將會非常艱難，且工業的能耗水準會始終保持在一個高位的水準。

2.3.3　工業自身發展的階段性特徵增加節能難度

在工業發展的過程中，考察發達國家能耗水準的變動曲線，可以發現一個明顯的倒 U 形特徵，即隨著工業化進程的推進，能源消耗強度會表現為先上

升後下降的倒 U 形曲線。通常在工業化的初期階段，以低技術、低資本為特徵的工業，其能源消耗強度會逐漸上升。當資本的形成加速，物化的設備擠出勞動力，重化工業成為工業結構的主要構成，資本密集型行業逐漸成為工業增長的主要因素，工業能源消耗強度攀升到一個新的頂點。接著，隨著經濟條件的改善，要素逐漸從工業部門向第三產業轉移，工業邁入成熟期，增長的動力不再來自要素的投入，而是來自科技和創新的支持，能源消耗強度跨過 U 形拐點，開始邁入下降通道。部分學者認為中國能耗水準較高是由當前工業發展的階段性所決定的。中國經濟經過一段時間的持續增長後，工業資本累積迅速完成，邁入加速發展的中後期，而這一階段的特徵是以資本密集型行業和重化工行業為主導增長因素，這樣的階段特徵反應到產業結構中，就是資本密集型行業和重化工業的總體比重的增加。從時間意義上說，這是中國經濟發展的必經階段，表現在能源消費領域就是能耗強度可能會保持平穩或存在一定幅度的上升，但最終變化方向取決於微觀能源效率的改善等。

  部分學者（張炎治[1]，2009）發現，根據工業化發展先後的時期不同，能源消耗強度的倒 U 形軌跡的變化會呈現一定的規律性。這種規律體現為，對於工業化發展程度較低且完成工業化較晚的國家，其曲線的峰值會比前期的工業化國家低一些。這可能得益於技術的擴散和區域的收斂效應。如果是這樣的話，中國當下到底位於曲線的哪一端呢？近十年來能源消耗強度持續下降是否說明我們已經越過了峰值，還是我們依然處在曲線的左端，即將經歷由重型化結構帶來的階段性能耗強度上升？針對這個問題，目前學術界沒有明確的答案，但部分學者認為我們仍處在曲線的左端（邱東、陳夢根[2]，2007；董利[3]，2008），也就是在相當長的一個時期內，中國工業內部以重化工業為主的結構特徵不會改變。這對節能減排目標的實現是一個巨大的挑戰。

---

[1] 張炎治. 中國能源強度的演變機理及情景模擬研究 [D]. 徐州：中國礦業大學，2009.
[2] 邱東，陳夢根. 中國不應在資源消耗問題上過於自責——基於「資源消耗層級論」的思考 [J]. 統計研究，2007（2）：14-26.
[3] 董利. 中國能源效率變化趨勢的影響因素分析 [J]. 產業經濟研究，2008（1）：8-19.

3 基於省際空間的工業能源效率的測算及分析

工業是國民經濟的主體，是經濟社會發展的支柱，在能源消費中的份額最多，因此對工業能源效率的測算是學術界一致關注的熱點和難點。中國中央政府將能耗強度下降作為考核地方政府的約束指標，而能耗強度通常用能源消費與國內（地區）生產總值的比值或者其倒數來表示，這種單要素的能源效率衡量方法，在一定程度上能夠反應能源投入與經濟產出之間的總體數量關係，但是無法具體體現能源作為一種投入要素對國內（地區）生產總值的具體貢獻，也無法體現各要素之間的投入替代比例。Hu和Kao[1]（2007）認為，能耗強度是單一的能源效率指標，當能源作為要素投入種類的時候，能耗強度作為衡量能效的指標就不再適用，因此，應該建立一種能夠體現多種投入和多種產出的模型，從而避免單一要素投入和單一產出的局限性，而DEA（Data Envelopment Analysis）模型即數據包絡分析模型是一種評價多投入、多產出效率十分有效的方法。DEA模型早在1978年就由著名的運籌學家A. Charnes、W. W. Cooper和E. Rhodes提出，此模型無須知道生產函數的具體形態，能夠對複雜生產關係的決策單元DMU（Decision Making Units）的效率進行評價。Hu和Wang[2]（2006）運用DEA模型，與單要素的能耗強度指標對應，首先提出了全要素能源效率的概念。他們選用中國29個省份的數據，測算出了各省份的全要素能源效率值，計算結果較能耗強度更符合實際。他們的研究認為，較高的全要素能源效率值，意味著能源能被更充分地利用，在一定的產出水準

---

[1] HU J L, KAO C H. Efficient energy-saving targets for APEC economies [J]. Energy Policy, 2007, 35 (1): 373-382.

[2] HU J L, WANG S C. Total factor energy efficiency of regions in China [J]. Energy Policy, 2006, 34 (17): 3206-3217.

下，能效改進的空間就更小，反之則更大。隨後，Honma（2008）、Zhang（2011）、Chang（2013）等學者分別使用DEA模型對全要素能源進行測度，並與單一投入產出的能源效率指標進行比較。

　　能源在使用過程中不僅帶來了預期的產出，也產生了非合意的污染物排放。以上學者在測度全要素能源效率的過程中，雖然在投入方面考慮了能源、資本及勞動等多因素，但在產出方面卻僅僅考慮了國內（地區）生產總值這唯一的指標，而沒有包含非合意的污染物排放等因素。然而，在現實生產中，控制污染物排放的環境約束卻對產出有較大的影響，尤其是在節能減排形勢頗為嚴峻的當下，中央政府不僅制定了節能的約束目標，也為各級政府下達了減排的指標，因此，在測度能源效率的模型中必須將非合意產出納入考慮。首先將非合意產出納入模型的是Pittman[①]（1983），此後，Shi 和 Bi[②] 等（2010）在非合意產出模型的基礎上進一步細分，將非合意產出分為實際的和潛在的兩種，用二者之間的差額來評價效率。Feng H 和 Qingzhi Z[③] 等（2013）選用中國鋼鐵行業的50個微觀企業的數據，測算其能源效率。他選取的非合意產出包括廢水、廢氣和固體廢物這三類。他的研究認為，以污染物排放控制為措施的環境治理有利於提高中國的生產效率。國內學者的研究中大部分將合意產出作為效率評價的要素，對非合意產出的研究還在探索的過程中。王喜平[④]（2012）估算了中國36個工業行業的能源效率，通過方向性距離函數構建的DEA模型中的馬氏（Malmquist-Luenberger）指數方法，選取了非合意產出二氧化碳。他的研究結果認為，能源消費結構對能源效率存在負向的影響。張偉[⑤]等（2011）同樣用DEA模型估算長三角城市的能源效率值，他們選用的非合意產出為工業廢氣量，研究結果表明，過度排放廢氣和過度使用能源對能源效率產生了消極的影響。

　　總體來看，在國內的研究中，利用多投入、多產出模型，將合意產出和非合意產出都納入模型的研究尚處於探索階段，已有的研究中從行業或者企業層

[①] PITTMAN R W. Multilateral productivity comparisons with undesirable outputs [J]. The Economic Journal, 1983, 93（372）：883-891.

[②] SHI G, BI J, WANG J. Chinese regional industrial energy efficiency evaluation based on a DEA model of fixing non-energy inputs [J]. Energy Policy, 2010, 38（10）：6172-6179.

[③] FENG H, QINGZHI Z, JIASU L, et al. Energy efficiency and productivity change of China's iron and steel industry: accounting for undesirable outputs [J]. Energy Policy, 2013（54）：204-213.

[④] 王喜平, 姜曄. 碳排放約束下中國工業行業全要素能源效率及其影響因素研究 [J]. 軟科學, 2012（2）：73-78.

[⑤] 張偉, 吳文元. 基於環境績效的長三角都市圈全要素能源效率研究 [J]. 經濟研究, 2011（10）：95-109.

面考慮的較多，從省際或者區域層面考慮的相對較少。因此，本書將從省際和區域的角度，選取中國1997—2013年除西藏外的30個省份的數據，將二氧化碳作為非合意產出指標，通過超效率SSBM-DEA模型，對各省份的能源效率值進行測算，並對比兩種能源效率的測度結果，為能源約束目標的確立提供數據基礎。

3.1 能源效率測度的幾種模型

3.1.1 經典的 SBM-DEA 模型

在能源消費的過程中，合意國內（地區）生產總值的產出過程通常伴隨著給環境帶來影響的副產品的產出，而經典的數據包絡分析（DEA）模型很難解決這種包含非合意產出的能源效率測度問題。Tone（2001）針對這一缺陷，在總結經驗的基礎上，提出了改進能源效率測度的 SBM-DEA 模型（SBM，Slacks-Based Measure），即基於鬆弛變量測度的 DEA 效率分析方法。在經典的 DEA 模型中，鬆弛變量通常反應要素投入的過度程度和產出不足的水準，這種過度或者不足與數據集當中的其他評價單元無關，它只受指定評價單元的影響，而 SBM-DEA 模型以優化鬆弛變量為目標函數，考慮投入和產出的優化問題，其公式如式（3.1）所示。

$$\rho^* = \min \frac{1 - \frac{1}{N}\sum_{n=1}^{N} \frac{\cdot}{x_{kn}}}{1 + \frac{1}{M}\sum_{m=1}^{M} \frac{\cdot}{y_{km}}} \qquad (3.1)$$

$$s.t. \sum_{k=1}^{K} z_k^t x_{kn}^t + s_n^x = x_{kn}^t, \ n = 1, \cdots, N$$

$$\sum_{k=1}^{K} z_k^t y_{kn}^t - s_m^y = y_{km}^t, \ m = 1, \cdots, M$$

$$z_k^t \geq 0, \ s_n^x \geq 0, \ s_m^y \geq 0, \ k = 1, \cdots, K$$

t 為時期，x_{kn}^t 和 y_{kn}^t 表示投入產出值，s_n^x 和 s_m^y 為鬆弛向量。

3.1.2 超效率 SSBM-DEA 模型

有一個相同的缺陷，無論是 DEA 模型或是 SBM-DEA 模型都存在，那就是在評價的時候，會出現多個決策單位的效率值都等於1的情況，尤其是在指

標很多的情況下，有效評價單元較多，從而無法對這些決策單元進行排列和客觀地評價。Tone（2002）針對這種情況，提出了包含非合意產出的 SSBM-DEA 模型，由於模型計算出來的結果可能大於 1，從而解決了評價單元的排序問題。模型公式如式（3.2）所示。

$$\rho^* = \min \frac{1 - \frac{1}{N}\sum_{n=1}^{N}\frac{s_n^x}{x_{kn}}}{1 + \frac{1}{M}\sum_{m=1}^{M}\frac{s_m^y}{y_{kn}}} \tag{3.2}$$

$$s.t. \sum_{k=1, k \neq j}^{K} z_k^t x_{kn}^t + s_n^x = x_{kn}^t, \ n = 1, \cdots, N$$

$$\sum_{k=1, k \neq j}^{K} z_k^t y_{kn}^t - s_m^y = y_{km}^t, \ m = 1, \cdots, M$$

$$z_k^t \geq 0, \ s_n^x \geq 0, \ s_m^y \geq 0, \ k = 1, \cdots, K$$

式中，t 為時期，x_{kn}^t 和 y_{kn}^t 表示投入產出值，s_n^x 和 s_m^y 為鬆弛向量。如果（s_n^x, s_m^y）≥ 0，意味著期望的產出不足，存在投入過度。

3.1.3 包含非合意產出的超效率 SSBM-DEA 模型

$$\rho^* = \min \frac{1 - \frac{1}{N}\sum_{n=1}^{N}\frac{s_n^x}{x_{kn}}}{1 + \frac{1}{M+I}\left(\sum_{m=1}^{M}\frac{s_m^y}{y_{kn}} + \sum_{i=1}^{L}\frac{s_i^b}{b_{ki}}\right)} \tag{3.3}$$

$$s.t. \sum_{k=1, k \neq j}^{K} z_k^t x_{kn}^t + s_n^x = x_{kn}^t, \ n = 1, \cdots, N$$

$$\sum_{k=1, k \neq j}^{K} z_k^t y_{kn}^t - s_m^y = y_{km}^t, \ m = 1, \cdots, M$$

$$\sum_{k=1, k \neq j}^{K} z_k^t b_{ki}^t + s_i^b = b_{ki}^t, \ i = 1, \cdots, I$$

$$z_k^t \geq 0, \ s_n^x \geq 0, \ s_m^y \geq 0, \ s_i^b \geq 0, \ k = 1, \cdots, K$$

如式（3.3）所示，本模型的優點在於，一方面它能夠對多個決策單元進行有效排序，另一方面它解決了變量鬆弛的問題，且引入了非合意產出的測量。相對其他 DEA 模型，超效率模型更能夠反應工業能源效率的投入和產出是否存在冗餘及合理配置。

3.2 各省份包含非合意產出的工業能源效率測算

3.2.1 測算指標樣本說明

本章選取了中國 1997—2013 年除西藏外的 30 個省份的工業能源投入、工業資本投入、工業勞動力投入、工業生產總值、工業非合意產出二氧化碳（CO_2）排放量等樣本作為面板數據。樣本的指標選取情況如下：

工業能源投入：實物能源的種類較多，本書選取天然氣、汽油、原油、柴油、煤油、焦炭、原煤、燃料油等 8 種較常用的實物能源作為能源消費量的指標，按照折標系數將實物能源折算為標準煤，數據來源於《中國能源統計年鑒》，單位為萬噸標準煤。

工業資本投入：參考部分學者的研究（張軍、章元[1]，2003；陳詩一[2][3]，2009、2011），通過永續盤存法估算年資本存量 $K_{i,t} = I_{i,t} + (1-\delta)K_{i,t-1}$，其中，$K$ 為資本存量，i 表示區域，t 表示年份，I 示資本存量和投資，δ 表示資產折舊率。數據來源於《中國統計年鑒》。資本存量通過固定資產投資價格指數平減為以 1997 年為基期的不變價格數據，單位為億元。

工業勞動力投入：工業部門當年從業人數，數據來源於《中國統計年鑒》，單位為萬人。

工業生產總值：採用各省份工業生產總值數據，通過平減指數法進行換算（以 1997 年為基期），數據來源於《中國統計年鑒》，單位為億元。

工業非合意產出二氧化碳排放量：二氧化碳的排放量在當前的政府統計年鑒中沒有明確的統計數據，因此本書根據不同種類能源的碳排放系數，在 30 個省份 8 種實物能源消費量的基礎上，對二氧化碳的排放量進行估算，公式如式（3.4）所示。

$$C_{rt} = \sum_{i=1}^{8} E_{irt} \times T_i \times F_i \times 44 \div 12 \qquad (3.4)$$

r 表示區域，t 表示年份，E 表示能源消費量，i 表示能源類別，T 表示能源

---

[1] 張軍，章元. 再論中國資本存量的估計方法 [J]. 經濟研究，2003 (7): 35-43.
[2] 陳詩一. 能源消耗、二氧化碳排放與中國工業的可持續發展 [J]. 經濟研究，2009 (4): 41-55.
[3] 陳詩一. 中國工業分行業統計數據估算 1980—2008 [J]. 經濟學（季刊），2011 (4): 735-772.

折標系數，F為聯合國氣候變化委員會（IPCC）於2006年制定的碳排放系數（見表3-1）。本模型根據以上公式估算各類能源的二氧化碳排放量，單位為萬噸。

表3-1 不同種類實物能源的碳排放系數（噸碳/噸標準煤）

能源種類	碳排放係數	能源種類	碳排放係數
原煤	0.755,9	原油	0.585,7
焦炭	0.855,0	汽油	0.553,8
天然氣	0.448,3	煤油	0.571,4
燃料油	0.618,5	柴油	0.592,1

各投入和產出指標的描述性統計如表3-2所示。

表3-2 1997—2013年各省份工業能源效率測算相關指標描述性統計表

指標	最大值	最小值	中位數	均值	標準差
工業能源投入（萬噸標準煤）	16,497.57	118.19	2,691.34	3,443.86	2,840.63
工業資本投入（億元）	2,849.88	14.84	239.45	478.55	560.21
工業勞動力投入（萬人）	2,441.96	31.41	377.56	582.53	516.71
工業生產總值（億元）	4,280.28	49.79	772.32	1,129.08	966.26
工業二氧化碳排放量（萬噸）	54,773.49	318.42	9,066.57	11,698.15	9,727.50

數據來源：由SPSS軟件統計得到。

3.2.2 工業能源效率的測度結果

本書對投入、產出的同向性採用斯皮爾曼（Spearman）相關性檢驗法進行檢驗，結果如表3-3所示。根據統計的數據可以看出，各省份工業的投入和產出之間的兩兩關係係數不僅都為正數，而且係數值都比較高，且都通過了1%顯著水準的檢驗。從係數的絕對值上看，工業二氧化碳與工業投入中資本和能源投入的相關性係數超過了工業生產總值與二者的關係係數。由此可見，在能源效率的測度中，只考慮工業生產總值產出而忽略非合意產出是不合理的。

表 3-3　　　　　　　　工業投入和產出指標相關性檢驗

指標	資本	P 值	勞動	P 值	能源	P 值	工業生產總值	P 值	二氧化碳	P 值
資本	1		0.666	0.000	0.838	0.000	0.635	0.000	0.857	0.000
勞動	0.666	0.000	1		0.809	0.000	0.884	0.000	0.814	0.000
能源	0.838	0.000	0.809	0.000	1		0.753	0.000	0.990	0.000
工業生產總值	0.635	0.000	0.884	0.000	0.753	0.000	1		0.764	0.000
二氧化碳	0.857	0.000	0.814	0.000	0.990	0.000	0.764	0.000	1	

將工業能源效率記作 IEE，將包含二氧化碳產出的工業能源效率記作 CIEE，通過模型計算出的各省份兩種工業能源效率值如表 3-4 和表 3-5 所示。

表 3-4 給出了 1997—2013 年各省份及全國主要年份的工業能源效率（IEE）的測度結果，以及歷年的工業能源效率均值。如果按照規劃期的縱向時間維度來看，1997—2000 年為「九五」規劃期，這個時期處於能源效率前沿面的有浙江、廣東、福建、江蘇和上海 5 個省份。到了 2001—2005 年「十五」規劃期，由於 2003 年和 2004 年能源消費大幅度上升，能源效率值出現明顯下降，處於能源效率前沿面的省份由 5 個縮減到只有上海和江蘇兩個。從 2006 年起的「十一五」時期，中國首次將能耗強度下降 20% 的指標納入國家層面的規劃綱要，作為約束各級政府的硬性指標，這個時期處於能源效率前沿面的省份上升到 7 個，分別為上海、黑龍江、江蘇、北京、浙江、安徽和江西。2011—2013 年的「十二五」規劃期的前三年，處於能源效率前沿面的省份達到了 9 個，在「十一五」時期 7 個省份的基礎上，安徽能源效率有所下降，不再處於能源效率前沿面，另外新增了山東、福建和廣東三個處於能源效率前沿面的省份。從歷年的均值來看，只有上海、江蘇、浙江和廣東 4 個省份處於能源效率前沿面。從整個 1997—2013 年的時間段來看，只有上海和江蘇歷年來一直處於能源效率前沿面。在這些處於能源效率前沿面上的省份中，大部分位於東部經濟比較發達的區域。從表 3-4 中的數據我們也可以看出，寧夏、山西、新疆、內蒙古和貴州等省份的工業能源效率無論是各時期的值，還是歷年均值，都處於比較低的水準，這些省份大多位於西部經濟欠發達地區。

表 3-4 各省份及全國 1997—2013 年主要年份只考慮工業生產總值產出的
工業能源效率值（IEE）

	區域	1997年	2000年	2002年	2004年	2007年	2009年	2011年	2013年	均值
上海	東部	0.960	1.040	1.167	0.944	1.125	1.199	1.092	1.049	1.071
浙江	東部	1.006	1.090	1.076	0.870	1.037	1.105	1.010	1.049	1.034
江蘇	東部	0.960	1.040	1.103	0.893	1.063	1.133	1.010	1.049	1.034
廣東	東部	0.986	1.068	1.078	0.872	1.039	1.107	1.010	1.049	1.029
福建	東部	0.992	1.022	0.992	0.742	1.040	1.109	1.000	1.025	0.998
黑龍江	中部	0.895	0.969	1.082	0.876	1.043	1.112	1.010	0.955	0.992
江西	中部	0.896	0.970	1.035	0.837	0.997	1.063	1.010	1.049	0.980
山東	東部	0.825	0.893	1.037	0.839	1.000	1.066	1.010	1.033	0.957
河南	中部	0.842	0.912	0.889	0.719	0.856	0.913	1.010	1.049	0.889
湖南	中部	0.764	0.828	0.911	0.737	0.878	0.936	1.010	1.049	0.876
四川	西部	0.647	0.701	0.708	0.738	0.879	0.937	1.010	1.049	0.840
天津	東部	0.654	0.708	0.867	0.701	0.835	0.890	1.010	1.049	0.820
北京	東部	0.492	0.532	0.913	0.739	0.880	0.938	1.142	1.174	0.815
廣西	西部	0.648	0.702	0.709	0.683	0.813	0.867	1.010	1.049	0.806
陝西	西部	0.712	0.772	0.779	0.652	0.777	0.828	0.884	0.962	0.790
安徽	中部	0.513	0.555	0.812	0.657	0.782	0.834	1.010	1.049	0.748
重慶	西部	0.372	0.404	0.407	0.651	0.775	0.826	1.010	1.049	0.701
湖北	中部	0.514	0.556	0.702	0.568	0.676	0.721	1.010	1.049	0.693
雲南	西部	0.540	0.586	0.591	0.569	0.677	0.722	0.772	0.780	0.657
遼寧	東部	0.538	0.582	0.773	0.626	0.745	0.794	0.549	0.568	0.654
海南	東部	0.801	0.867	0.568	0.459	0.547	0.583	0.518	0.616	0.636
河北	東部	0.545	0.591	0.668	0.540	0.643	0.686	0.665	0.668	0.622
甘肅	西部	0.505	0.547	0.552	0.481	0.573	0.611	0.734	0.666	0.576
吉林	中部	0.524	0.568	0.550	0.445	0.530	0.565	0.538	0.572	0.537
青海	西部	0.490	0.530	0.535	0.474	0.565	0.602	0.455	0.389	0.519
貴州	西部	0.448	0.486	0.490	0.348	0.414	0.442	0.735	0.682	0.478
內蒙古	西部	0.466	0.504	0.509	0.287	0.341	0.364	1.010	0.407	0.429
新疆	西部	0.438	0.474	0.479	0.405	0.482	0.514	0.244	0.207	0.426
山西	中部	0.426	0.462	0.392	0.317	0.377	0.402	0.512	0.487	0.416
寧夏	西部	0.344	0.372	0.376	0.238	0.283	0.302	0.375	0.380	0.320
全國		0.658	0.711	0.758	0.630	0.756	0.806	0.846	0.840	0.745

註：數據根據超效率 SSBM-DEA 模型測算而得。

表 3-5 是各省份及全國自 1997 年以來各主要年份包含非合意產出二氧化碳排放量的 CIEE 的測度結果，以及歷年的 CIEE 均值。1997—2000 年，處於能源效率前沿面的有福建、江蘇和上海三個省份，2000—2005 年「十五」規劃時期，處於能源效率前沿面的省份由三個減少到上海一個，「十一五」規劃期也只有上海和北京處於能源效率前沿面。在「十二五」時期的前三年，有三個省份能源效率為 1 或者大於 1，分別為上海、北京和天津，特別是北京和天津，能源效率的提升速度非常快，在短時間內大幅度追趕能源效率前沿省份的技術水準和生產過程，取得了明顯的效果。從歷年的均值來看，只有上海處於能源效率前沿面。這說明上海的工業行業目前具有最優的生產技術和工藝過程，從而處於最優的投入產出水準，應該成為其他省份改進生產過程和提高技術水準的目標。

表 3-5 各省份及全國 1997—2013 年主要年份包含非合意產出二氧化碳排放量的工業能源效率值（CIEE）

	區域	1997年	2000年	2002年	2004年	2007年	2009年	2011年	2013年	均值
上海	東部	0.960	1.035	1.200	0.860	0.940	1.170	1.010	1.039	1.006
廣東	東部	0.958	1.033	1.145	0.811	0.854	1.071	0.934	0.961	0.952
黑龍江	中部	0.883	0.952	1.178	0.835	0.836	1.049	1.010	0.945	0.938
浙江	東部	0.949	1.024	1.080	0.765	0.753	0.945	0.784	0.801	0.874
福建	東部	0.961	1.036	1.094	0.775	0.654	0.821	0.692	0.721	0.835
江蘇	東部	0.960	1.035	1.081	0.766	0.673	0.845	0.646	0.689	0.831
北京	東部	0.443	0.477	0.850	0.602	0.940	1.180	1.142	1.163	0.816
天津	東部	0.558	0.601	0.792	0.561	0.709	0.890	1.010	1.039	0.735
山東	東部	0.747	0.805	0.817	0.579	0.511	0.642	0.527	0.516	0.636
江西	中部	0.714	0.770	0.788	0.558	0.534	0.670	0.514	0.520	0.628
湖南	中部	0.687	0.741	0.725	0.513	0.411	0.516	0.519	0.524	0.567
遼寧	東部	0.488	0.526	0.713	0.505	0.509	0.638	0.427	0.442	0.531
廣西	西部	0.570	0.615	0.605	0.428	0.488	0.612	0.526	0.533	0.535
安徽	中部	0.424	0.457	0.566	0.401	0.527	0.662	0.604	0.617	0.517
湖北	中部	0.430	0.464	0.586	0.415	0.473	0.594	0.471	0.465	0.480
四川	西部	0.388	0.418	0.572	0.405	0.469	0.589	0.521	0.583	0.482
河南	中部	0.523	0.564	0.608	0.431	0.372	0.467	0.408	0.462	0.473
內蒙古	西部	0.295	0.318	0.284	0.201	0.666	0.835	1.010	0.403	0.458
雲南	西部	0.604	0.651	0.514	0.364	0.284	0.356	0.286	0.297	0.415

表3-5(續)

區域		1997年	2000年	2002年	2004年	2007年	2009年	2011年	2013年	均值
重慶	西部	0.271	0.292	0.476	0.337	0.395	0.496	0.463	0.537	0.397
陝西	西部	0.376	0.406	0.482	0.342	0.332	0.417	0.294	0.304	0.368
河北	東部	0.387	0.417	0.552	0.391	0.274	0.343	0.230	0.240	0.357
吉林	中部	0.307	0.329	0.402	0.290	0.309	0.379	0.321	0.339	0.330
甘肅	西部	0.275	0.296	0.360	0.255	0.242	0.303	0.239	0.227	0.272
海南	東部	0.364	0.392	0.242	0.172	0.216	0.271	0.161	0.168	0.246
新疆	西部	0.290	0.313	0.331	0.235	0.162	0.203	0.130	0.115	0.224
山西	中部	0.239	0.258	0.229	0.162	0.220	0.269	0.214	0.214	0.223
青海	西部	0.197	0.215	0.252	0.180	0.147	0.184	0.133	0.117	0.178
貴州	西部	0.193	0.208	0.204	0.144	0.165	0.205	0.179	0.171	0.177
寧夏	西部	0.166	0.179	0.119	0.103	0.113	0.142	0.101	0.102	0.125
全國		0.520	0.561	0.629	0.446	0.472	0.592	0.517	0.509	0.520

註：數據根據包含非合意產出的超效率SSBM-DEA模型測算而得。

除了上述省份外，其他省份的包含非合意產出二氧化碳排放量的工業能源效率值在大多數時期都未處於最優狀態，其工業能源利用效率的提升空間還很大。這些省份在追求增長的過程中，忽視了質量的改善，導致能源被浪費，這與中國可持續發展的理念是相悖的。從表3-5中的數據我們可以看出，寧夏、貴州、青海、山西、新疆等的CIEE，無論是各時期的值，還是歷年的均值，都處於較低的水準，在多數時期裡，其工業能源效率值都在0.4以下，工業能源效率亟待改善。

3.2.3 兩種估算結果比較

表3-6顯示的是只考慮工業生產總值產出的全國工業能源效率（IEE）和包含非合意產出二氧化碳排放量的全國工業能源效率（CIEE）各主要年份的平均值，可以看出，將非合意產出二氧化碳排放量納入模型估算後的工業能源效率明顯降低，兩者的平均值相差0.225。數據說明，不包含非合意產出的工業能源效率被高估，全國和各省份能源效率的提升還有很大的空間。不包含二氧化碳產出的工業能源效率歷年均值的標準差為0.079，而包含二氧化碳產出的工業能源效率標準差為0.043，比較而言，後者的波動性更平緩一些。1997—2013年，不包含二氧化碳排放量的工業能源效率IEE呈逐步上升的趨勢，而包含了二氧化碳排放量的工業能源效率值CIEE呈不斷下降的趨勢。

表 3-6　1997—2013 年兩種測算方法主要年份全國工業能源效率對比

工業能源效率	1997年	2000年	2002年	2004年	2007年	2009年	2011年	2013年	均值
IEE	0.658	0.711	0.758	0.630	0.756	0.806	0.846	0.840	0.745
CIEE	0.520	0.561	0.629	0.446	0.472	0.592	0.517	0.509	0.520

總體來看，中國工業全要素能源效率的平均值還處於一個較低的水準，不包含二氧化碳產出的工業能源效率均值大約為 0.745，包含二氧化碳產出的工業能源效率均值大約為 0.520。無論是哪一種測算方法，至少表明中國的工業能源效率還有 25%～48% 的提升空間，這對緩解中國能源危機，保障能源安全具有十分重要的意義。中國工業全要素能源效率總體水準較低，一方面是因為中國工業本身固有的高耗能、高投入的特徵一直沒有得到根本轉變，特別是「十一五」時期和「十二五」前期，為了保持較高的經濟增速，加大了對高耗能產業的投入，從而導致能效水準改善過程緩慢。另一方面，全要素能源表徵的是潛在能源與實際能源投入之比，部分省份在追求經濟增長的過程中不考慮能源投入，隨著經濟規模的不斷擴大，實際能源的投入量也在不斷增加，從而讓潛在能源和實際能源投入的差值越來越大，這勢必造成工業全要素能源效率一直在較低水準徘徊。

3.2.4　基於區域的統計結果分析

在各省份工業全要素能源效率值歷年數據的基礎上，我們進一步按照地理區域劃分，對東部、中部和西部的工業能源效率值進行比較和分析，如圖 3-1 所示。

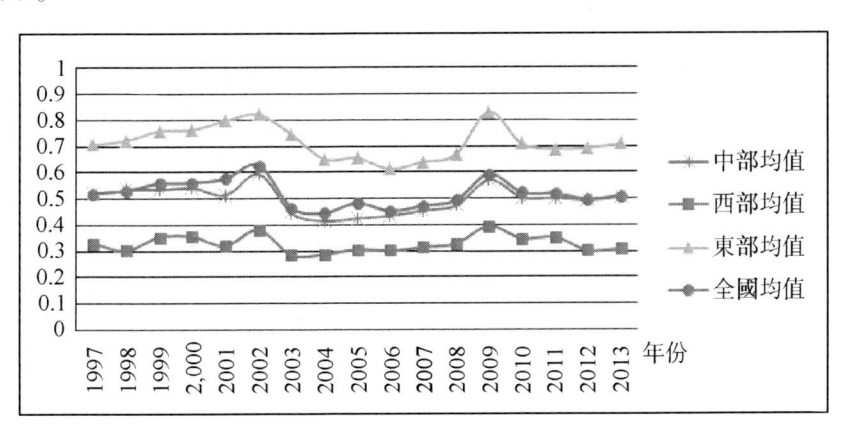

圖 3-1　1997—2013 年東、中、西部工業能源效率均值（CIEE）對比

數據來源：根據前文計算而得。

從圖 3-1 中我們可以看出，總體而言，東部沿海地區的工業能源效率最好，而西部最差。東部沿海地區的工業能源效率高於全國平均水準，而中部和西部地區的工業能源效率均低於全國平均水準。中西部地區與東部地區的工業能源效率差距較大，前者遠遠落後於後者，這個估計結果與魏楚[①]（2008）的研究結果類似。但不管哪個區域，其變化趨勢都有一定的相似之處，2002—2004 年，工業能源效率都有一個較為明顯的下降趨勢，而在 2009 年都有一個明顯的拐點。如果說工業能源效率和經濟水準發展程度一樣也存在區域差異性的話，那麼區域和區域之間或者區域內部是否具有收斂性呢？接下來的章節中將予以分析。

3.3 中國區域工業能源效率的收斂性分析

3.3.1 收斂性分析的方法

收斂指的是在經濟發達程度不同的區域之間，落後的區域存在比領先區域更快的經濟增長速度，且隨著時間的推移發展水準逐漸趨於一致。收斂可以從新古典增長索洛模型中找到來源，由於資本邊際收益遞減的存在，如果一個經濟體中人均收入與穩態水準的距離越遠，那麼資本的回報率就會越高，收入的增長速度就越快。Baumol 是最早研究收斂問題的，他對 1870—1979 年的 16 個工業化國家的數據進行迴歸驗證，結果表明，1870 年的生產率數據與後面年度的數據顯著負相關，也就是說，落後的經濟體有更快的增長速度。此後，他又對這 16 國以外的國家和區域進行了研究，發現即使是計劃經濟國家，也呈現出經濟收斂的態勢，但這種收斂在欠發達國家卻未出現。收斂分析的方法較多，比較占優勢的有：

（1）絕對 β 收斂

絕對 β 收斂又稱無條件 β 收斂，是指在一個較長的時期內，無論不同的國家或區域之間有著怎樣的初始狀態差異，都會趨向於一個共同的穩態水準，而彼此間的差異將會逐漸減小直至趨同。Barro（1991）在 Baumol 研究的基礎上，提出了絕對 β 收斂的檢驗方程，如式（3.5）所示。

[①] 魏楚, 沈滿洪. 結構調整能否改善能源效率：基於中國省級數據的研究 [J]. 世界經濟, 2008（11）：77-85.

$$\frac{1}{T}[\log(y_{i,t+T}) - \log(y_{i,t})] = a - \frac{(1-e^{-\beta T})}{T}\log(y_{i,t}) + \xi_{i,t} \qquad (3.5)$$

i 表示第 i 地區，t 表示期初，T 表示觀測時期的長度，$t+T$ 表示期末，$y_{i,t}$ 表示第 i 個區域在第 t 期的能效值。β 代表收斂速度，如果 β 的值小於 0，則表示各區域的差異會逐漸趨同，隨著時間的推移，最後會達到相同的均衡穩態。

（2）條件 β 收斂

絕對 β 收斂不考慮不同經濟體之間的特徵差異，也不考慮期初的水準，並且假定各個經濟體具有完全相同的特徵，而條件 β 收斂則認為各經濟體在發展中有一個自身的均衡水準，這個水準取決於經濟體內部的特徵和影響變量，而各經濟體的發展速度則取決於當前水準和均衡水準之間的距離。因此，並非是越落後的經濟體增長越快，而是離自身均衡水準越遠的發展越快。也就是說，受區域之間差異的影響，不同的經濟體會向各自的穩態收斂。其檢驗方程為：

$$\frac{1}{T}[\log(y_{i,t+T}) - \log(y_{i,t})] = a - \frac{(1-e^{-\beta T})}{T}\log(y_{i,t}) + \lambda X_{i,t} + \xi_{i,t} \qquad (3.6)$$

$X_{i,t}$ 表示不同地區之間差異的控制變量，$y_{i,t}$ 表示第 i 個區域在第 t 期的能效值，β 代表收斂速度，如果 β 的值大於 0，則表示各區域將會收斂於自身的均衡穩態。

（3）俱樂部收斂

俱樂部收斂是指不同的區域因為初始條件的差異，在發展過程中會形成不同的俱樂部，俱樂部內部在結構、技術、資本、增長路徑等方面具有相似特徵的經濟體之間形成收斂。而區域之間不存在俱樂部收斂。其檢驗方程為：

$$\frac{1}{T}[\log(y_{i,t+T}) - \log(y_{i,t})] = a + \beta\log(y_{i,t}) + \lambda D + \xi_{i,t} \qquad (3.7)$$

$y_{i,t}$ 表示第 i 個區域在第 t 期的能效值，D 表示區域的虛擬變量。如果 β 的值小於 0，則表示存在俱樂部收斂。

（4）σ 收斂

σ 收斂是指人均收入離差在不同的經濟體之間隨著時間的推移趨於下降。它和 β 收斂的不同之處在於，後者意味著落後區域的增長速度快於發達國家，即增長趨同，而 σ 收斂意味著各區域人均收入水準的趨同，即收入趨同。β 收斂是 σ 收斂的必要條件，如果不存在 β 收斂，發達經濟體將比落後經濟體的增長速度更快，差距將會被拉大。但是，β 收斂不是 σ 收斂的充分條件，因為收入差距在減小的過程中，常常會受到很多隨機因素的影響。衡量 σ 收斂的指標有基尼系數、泰爾指數、變異系數等。由於變異系數可以更充分地體現收入的

分佈特徵，因此，本書選擇變異系數來表現收斂或離散的程度，檢驗公式如式 (3.8) 所示，y 表示能效值。

$$CV = \frac{1}{\bar{y}} \sqrt{\frac{1}{N} \sum_{i=1}^{N} (y_i - \bar{y})^2} \tag{3.8}$$

3.3.2 收斂模型構建及結果分析

對於能源效率不同的各個區域之間的差異是呈收斂的狀態還是發散的狀態，本節將通過構建收斂模型的方式進行研究。如果各區域或各省份之間的工業能源效率是呈收斂狀態的，那麼說明當前的節能經濟機制和發展路徑具有可持續性，它使能源效率在發達省份和落後省份之間的差異逐步縮小。反之，如果呈發散狀態，則說明各區域或各省份之間的能源效率差異在擴大，這時我們應當思考當前的節能路徑是否可持續，從而有針對性地提出改進措施。

本書選取了中國 1997—2013 年除西藏外的 30 個省份的工業能源效率的面板數據，按照國家區域經濟的佈局，將 30 各省份割為三個區域，即東部沿海地區、中部地區和西部地區，在已建立的四種收斂模型的基礎上，對中國 CIEE 的空間收斂性進行分析。

(1) σ 收斂模型構建及結果分析

如果隨著時間的推移，不同區域之間的能源效率的離差水準越來越接近於零，我們就認為其具有 σ 收斂性，反之，如果離差水準越來越大，則具有 σ 發散性。

中國區域間工業能源效率的 σ 收斂公式為：

$$\sigma_t = \frac{1}{\overline{CIEE_t}} \sqrt{\frac{1}{N} \sum_{i=1}^{N} (CIEE_{it} - \overline{CIEE_t})^2} \tag{3.9}$$

$CIEE_{it}$ 表示第 i 個地區在第 t 時區的能源效率，$\overline{CIEE_t}$ 表示所有 i 個地區在 t 時區的能效均值。當 $\sigma_{t+1} < \sigma_t$ 時，表明工業能源效率的離散系數在逐漸變小，具有 σ 收斂性。根據 σ 收斂模型的公式計算得出三大區域和全國工業能源效率的變異系數，如表 3-7 所示。

表3-7　全國及各區域 1997—2013 年工業能源效率變異系數

區域	1997 年	2000 年	2002 年	2004 年	2007 年	2009 年	2011 年	2013 年	均值
全國	0.574	0.502	0.564	0.523	0.575	0.458	0.607	0.576	0.553
東部	0.387	0.002	0.002	0.002	0.002	0.002	0.002	0.002	0.025

表3-7(續)

區域	1997年	2000年	2002年	2004年	2007年	2009年	2011年	2013年	均值
中部	0.455	0.280	0.520	0.299	0.325	0.210	0.295	0.283	0.342
西部	0.784	0.421	0.411	0.472	0.479	0.593	0.768	0.570	0.535

從表3-7可以看出，全國層面的工業能源效率變異系數最大，均值達到了0.553，西部地區緊隨其後，均值為0.535，中部地區次之，均值為0.342，東部沿海地區的變異系數最小，平均值只有0.025。這說明東部沿海地區各省份間的工業能源效率差異是最小的。

從工業能源效率變異系數的波動水準來看（見圖3-2），波動性最大的為西部地區，波動性為0.17，其次為東部沿海地區，波動性為0.09，變異系數波動最小的為中部地區，波動性為0.08。這說明中國省級能源效率的差異是非常大的，各個區域板塊間也出現不同的收斂趨勢。西部地區的變異系數情況比較複雜，三個發散拐點分別出現在1997年、2008年和2010年，而1998年和2009年則出現兩個明顯的收斂拐點，最終還是趨於發散狀態。中部地區的變異系數在1998年和2002年短暫的發散拐點後，進入明顯的收斂狀態，意味著近十餘年來，中部各省份間的能效差異在逐步縮小並趨於一致。東部沿海地區則呈現明顯的收斂狀態。在全國層面，收斂態勢不明顯，2009年出現一個明顯的收斂拐點，但最終還是趨於發散狀態。

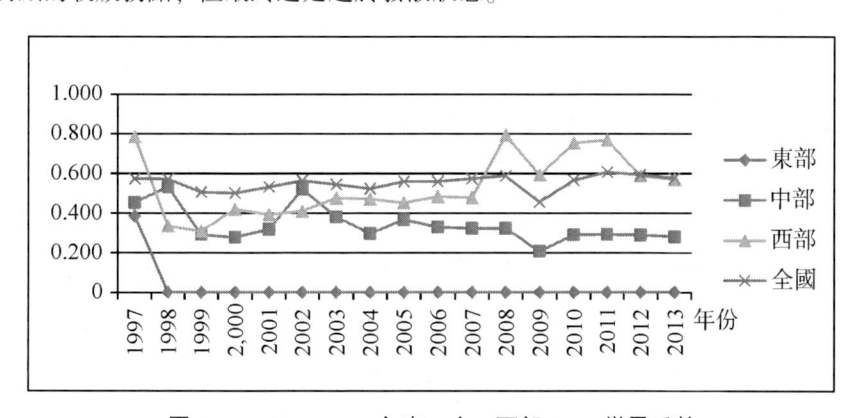

圖3-2 1997—2013年東、中、西部CIEE變異系數

數據來源：根據前文計算所得。

(2) 絕對β收斂模型構建及結果分析

絕對β收斂是指隨著時間的推移，各個區域之間的工業能效差異越來越小，最終在接近或相同的穩態水準收斂，各省份的工業能源效率提高速度與它

們離穩態水準的距離成反比。檢驗方程如式（3.10）所示。

$$\frac{1}{T}[\ln(\text{CIEE}_{i,T}) - \ln(\text{CIEE}_{i,0})] = \alpha + \beta\ln(\text{CIEE}_{i,0}) + \xi \quad (3.10)$$

$[\ln(\text{CIEE}_{i,T}) - \ln(\text{CIEE}_{i,0})]/T$表示在第$i$個主體從$t=0$到$t=T$時期工業能源效率的平均增長率。$\ln(CIEE_{i,0})$表示第$i$個主體在$t=0$時期工業能源效率初始值的對數值。$\alpha$表示常數項，$\beta$表示迴歸系數，$\xi$表示誤差項。

在方程(3.10)中，如果β顯著為負值，則說明在區域內各省份之間具有絕對β收斂，也就是說工業能源效率提高的速度與它們最初的值成反比，那麼存在工業能效低的省域加速追趕能效高的省域的趨勢。

根據絕對β收斂公式，通過 Eviews 軟件面板混合迴歸模型計算得出三大區域和全國工業能源效率的收斂估計值，如表3-8所示。

表 3-8　　全國及不同區域工業能源效率絕對β收斂統計

區域	估計系數	標準差	T統計量	P值
全國	-0.003,682	0.005,725	-0.578,203	0.572,1
東部	0.013,412	0.007,972	1.358,746	0.185,2
中部	-0.035,124	0.009,792	-3.489,82	0.000,6
西部	-0.035,236	0.015,02	-2.350,12	0.019,9

如表3-8所示，從全國層面看，β的估計值為-0.003,682，但是在1%水準下的顯著性檢驗未通過，所以全國層面工業能源效率的絕對β收斂不存在。

從三大經濟區域板塊各自的統計結果看，西部地區和中部地區的β系數均為負值，但是西部地區的P值為0.019,9，未通過顯著性檢驗，中部地區通過了1%水準下的顯著性檢驗，也就是說，西部地區不存在絕對β收斂。東部地區的β估計值為正數，呈發散態勢，但也未通過顯著性檢驗。因此，只有中部地區存在絕對β收斂，即中部區域各省的工業能源效率趨於同一穩態的水準，隨著時間的推移，能源效率較低的省份的增長速度會高於能源效率較高的省份，能效之間的差異逐步縮小並最終趨於穩定。

（3）條件β收斂模型構建及結果分析

條件β收斂驗證的是在不同區域之間，各主體在自身特徵的基礎上趨於各自的穩態水準，差異將長期存在於區域之間。驗證模型為：

$$\frac{1}{T}[\ln(\text{CIEE}_{i,t+T}) - \ln(\text{CIEE}_{i,t})] = \alpha + \beta\ln(\text{CIEE}_{i,t}) + \sum_{j=1}^{n}\gamma_j x_{i,t}^j + \xi_t$$

(3.11)

$[\ln(\text{CIEE}_{i,\,t+T}) - \ln(\text{CIEE}_{i,\,t})]/T$ 表示在第 i 個主體從 $t=0$ 到 $t=T$ 時期工業能源效率的平均增長率。$\ln(\text{CIEE}_{i,\,0})$ 表示第 i 個主體在 $t=0$ 時期工業能源效率初始值的對數值。α 表示常數項,β 表示迴歸系數,ξ 表示誤差項,γ_j 表示第 j 個控制變量的迴歸系數。

在這個檢驗模型中,為了解決解釋變量的遺漏問題和控制變量的選擇,我們採用了個體和時間雙固定效應模型來進行條件收斂的檢驗,如果 β 顯著為負值,則說明在各區域之間存在條件 β 驗收,那麼存在工業能源效率在各區域向自身穩態發展的趨勢。根據條件 β 收斂公式,通過 Eviews 軟件面板混合迴歸模型計算得出三大區域工業能源效率的收斂估計值,如表 3-9 所示。

表 3-9　　　　　不同區域工業能源效率條件 β 收斂統計

區域	估計系數	標準差	T 統計量	P 值
東部	-0.078,892	0.009,221	-8.651,225	0.000
西部	-0.187,962	0.020,031	-9.650,018	0.000
中部	-0.106,373	0.011,215	-10.725,031	0.000

從表 3-9 中的數據可以看出,三大經濟區域的工業能源效率估計系數均為負值,且 P 值均為 0,均通過 1% 水準下的顯著性檢驗。東部沿海地區、西部地區和中部地區都存在條件 β 收斂,即隨著時間的推移,各區域之間會趨於各自的穩態,其中,西部 11 個省份能夠以 18.79% 的調整速度達到自身穩態,其次是中部地區的 8 個省份,速度為 10.63%,東部地區 11 個省份的調整速度相對緩慢,為 7.88%。

(4) 俱樂部收斂模型構建及結果分析

如果區域內不同的經濟主體既滿足 σ 收斂又滿足絕對 β 收斂,那麼這個經濟主體就具備了俱樂部收斂。根據前面的分析可知,中部地區既存在 σ 收斂,又存在絕對 β 收斂,那麼就只有中部地區存在俱樂部收斂。俱樂部收斂反應的是結構和發展模式類似的經濟體被劃分到同一個俱樂部群體中時,群體內部與這些經濟主體相關的工業能源效率會接近相似的穩態水準,且這個群體的穩態水準不同於其他群體。

4 中國工業能源效率影響因素的實證分析

在馬克思關於勞動生產率的論述中,勞動、資本、技術、規模和生態資源是提高生產效率的主要影響因素,從這個意義上講,研究能源效率也需要關注這些因素。而從經濟機制的角度來看,影響工業節能效果的因素主要有節能主體的行為選擇、節能政策的有效性和節能槓桿的發揮程度,具體包括微觀層面的技術改進、能源價格、能源消費結構以及宏觀層面的經濟發展水準、產業結構、對外開放水準等。對工業節能影響因素的實證研究中,大部分學者採用的是面板線性迴歸的方法,對空間維度的省際相關性和異質性關注較少,但工業能源效率的空間佈局卻呈現出較為顯著的正自相關性。本章選取1997—2013年的工業能源效率作為考察對象,基於省際區域的數據,通過建立空間面板數據模型,實證研究能源價格、結構調整、人均工業產值、城市化率等12個影響因子與工業能效之間的關係。

4.1 實證研究的對象及維度

4.1.1 實證研究的對象:工業能源效率

在對中國工業節能影響因素進行實證研究時,首先要確定考察的對象,究竟是選擇工業能源消費總量,還是將視線聚焦在工業能源效率這一指標上?很多研究都直接選擇其一而忽略了對二者的比較,下面對這兩方面不同的研究進行對比考量,在評價和分析的基礎上選擇模型的對象。

在能源經濟學的研究初期,學者們大多將目光投向能源消費總量,試圖尋找能源消費與經濟增長之間是否存在某種均衡關係。借助於格蘭杰因果檢驗以

及協整檢驗等實證工具,學者們對二者關係的研究結果並不一致。Stem (2000) 解釋了之所以結果不一致是因為技術進步、投資、結構變化及要素替代等都在二者關係間產生了重要的影響作用。Ghali (2004) 的研究也解釋了能源與經濟之間由於影響因素眾多,且路徑方向不一致,單只採用總量數據變動來衡量二者之間的關係是不準確的,任何經濟關係的研究都必須在一個多因素的環境背景下才具有實際指導作用。於是,研究者們開始將目光投向產業結構、能源結構、能源價格等因素從而構建影響能源消費總量的模型。Gioy (1999) 選取 7 個發達國家的數據,構建了能源消費總量的影響模型,研究結果表明能源稅收、產業政策和環境規制能夠帶來能源消費總量的減少,而能源價格上漲並不能有效降低能源消費總量。郭菊娥等 (2008) 研究各因素對能源消費總量的直接效應、間接效應和加總效應,選取的影響因素包括能源結構、經濟結構調整、人口變化等。袁曉玲等 (2009) 在研究上述因素對能源需求總量的影響過程中發現,由於增長路徑和工業化階段的不同,各因素的影響作用區域特徵十分明顯。這種以總量為考察對象的研究,站在一個宏觀的高度,較為全面和綜合地分析了各類影響因素的作用軌跡,這對能源供需形勢嚴峻的當下,如何合理制定能源發展規劃、適度調節能源儲備水準、保障能源安全具有十分重要的現實意義。特別是在污染物和碳排放也成為約束指標的情況下,儘管我們要依賴於能源結構的優化和能源效率的提升來降低排放水準,但總量及影響因素變化帶來的效果也是不可忽視的,在這樣的現實下,基於能耗總量的研究仍然是不可或缺的。

但從另一方面來看,當前中國政府節能考核的重點放在國內(地區)生產總值能耗強度和碳排放減少的具體約束指標上,基於能源消費總量的研究很難為具體的監管和控制引導措施提供更多的實證證據和具體幫助。而且,中國正處於工業化和城鎮化雙加速發展階段,經濟增長帶來的總產出的增加、大量人口進城、汽車保有量的增長等都會帶來能源消費總量的迅速膨脹,對總量進行約束無法繼續且沒有實際意義。還有一個問題是,通過實證模型對總量進行研究的時候,如何界定能源的效率值?部分學者的研究直接以國內(地區)生產總值能耗強度的變化代替效率值來分析對能耗總量的影響,有的學者則選取技術進步的有關指標如專利申請數量、研發投入等來表示能效的變化,前者由於解釋變量的內生化使模型參數估計的一致性被破壞,後者則由於解釋變量共線性增加,間接因素和直接因素混同,降低了模型結論的有效性。基於這些考慮,許多學者直接將考察的目光投向能耗強度這一具體的指標,通過不同的計量模型,檢驗技術進步、能源價格、經濟結構等因素對能耗強度形成機理的

影響，從而更加直接地描述能耗強度機理變化發展的過程，為政府節能減排著力點提供更有指導意義的幫助和支撐。但是，隨著計量方法的豐富和研究的深入，學者們越來越質疑單一的、以產出總量與能源投入量的比值來表徵能源效率的方式，因為它忽略了產出中其他要素投入的貢獻，能源效率很可能被高估。隨後，以 Jinli Hu、Shihe Huan、Wang（2006）和魏楚、沈滿洪等（2007、2008）為代表的學者們採用數據包絡分析方法提出了全要素能源效率的測算方法，綜合考慮勞動力、資本等要素對能源效率的貢獻值，在能源效率變化的衡量方面更具有適用性，從而讓地區或者國家之間的能源效率比較更具解釋力，這成為當前能源效率研究的主要方向。

總體來說，選擇能源消費總量還是能源效率變化值作為考察對象，取決於研究的目標，但在實證模型的變量選取上，必須有所區分。本書以工業節能經濟機制設計分析為研究對象，需要對各因素的影響方向和作用軌跡進行詳細分析，並對當前工業節能約束體系的著力點以及未來經濟機制設計的具體選擇提出建議，因此，本書選取全要素的工業能源效率作為模型檢驗的指標，在對省際空間檢驗的基礎上，按照能效的高低分區域進行拓展檢驗，從而充分考慮不同的區域特徵，為將來工業節能區域差異化約束目標的確立提供理論基礎。

4.1.2　實證研究的維度：省際空間差異

由於中國行政垂直分權體系的特殊性以及市場機制的不完善，2005 年以來納入規劃綱要的節能約束目標基本上是以平均分解的方式劃分到各省份，逐漸形成了縱向行業標準規範和橫向行政管理約束的目標實現模式，也就是說，產品能耗標準、行業准入目標、淘汰規模限制等通過縱向的部、委、局借助於行業體系展開，而相關單位及企業的管理約束以及最後節能目標的完成則主要依賴於省、市、縣等各級政府。因此，通過省際空間省際樣本進行模型檢驗，可以分析不同特徵省份的能源效率變化的不同軌跡，以及影響因素各自的作用軌跡，從而為能源約束目標的地區分解和節能減排政策的重點提供幫助。

4.2　變量選取及樣本說明

能源效率的形成是由多個因素相互交織作用的結果，作為複雜系統中的一個指標，能源價格、技術進步、經濟結構、產業結構調整、對外開放水準、貿易進出口額等各種因素都直接或間接地影響著這一指標的最終水準。學者們通

過各種不同的解釋變量，試圖找尋能源效率變化的根本動因，在前人研究的基礎上，結合經濟機制設計的主要構成，本書將影響因素確定如下。

4.2.1 變量選取

（1）技術進步

技術進步對效率的改善或者通過成本曲線的壓縮投入更少的要素實現相同的產出，或者通過生產邊界上移取得更多的產出而投入要素的水準不變，它對能源效率提升的作用是最直接的，這已經被許多學者所證實。史丹等（2003）的研究結果表明，正是技術進步的作用使中國改革開放以來能耗水準持續降低。劉暢等（2008、2009）的研究認為，技術進步在中國能源效率提升中的貢獻率大約為73%~84%。但是這些研究大多建立在希克斯（Hicks）中性進步的假設上，忽略了有偏和誘致性技術進步的影響。白重恩（2008）研究了要素價格變化帶來的有偏和誘致性技術進步，認為這種進步一方面提高了生產效率從而增加了要素邊際產出率，另一方面為了優化成本，在能源價格偏低的條件下配置更多的能源到投入結構中，兩種因素共同作用於最後的能源效率水準。

（2）產業結構及工業內部結構調整的影響

很多學者的實證研究都證明，產業結構調整或工業內部的結構調整對能源效率提升的作用十分顯著。從宏觀層面觀察，在社會總產出中高能源效率產品的增加能夠提升總體水準的能源效率，結構紅利假說部分解釋了這種現象。Dension（1967）的研究發現，在一些經濟體中，當部門份額結構的構成發生變化時，社會總體的生產率水準會超過各部門生產率的增長加權總和，也就是說，當要素由生產率較低的部門向生產率較高的部門轉移時，能夠有效改善由各個部門組成的總體要素效率。張宗成（2004）、施發啓（2005）、高振宇（2007）等的實證研究表明，結構調整對中國能源效率提升具有顯著影響，特別是在21世紀前五年，能耗強度的不降反升源於工業內部重工業比重的上升。值得注意的是，在研究中如何表示結構調整各不相同，有的使用第一、第二和第三產業的構成來表示，有的使用工業占國民經濟總體的比重來表示，有的用工業內部高耗能行業的份額變化來表示。

（3）能源價格和要素替代的影響

在最優成本的約束下，能源價格的下降或者上升都會影響要素投入環節能源投入數量的多少，從而帶來能源效率的改變。因此，通過調整能源價格進而影響能源效率和能源消費總量是市場發揮調節作用的基本屬性。能源價格對能

耗總量和強度的影響主要體現在兩個方面：一是在部門內部，能源價格的上升，導致資源配置環節其他生產要素更多的投入，由此帶來相同單位的產品能源消耗的減少；二是在部門之間，如果其他投入要素替代因成本過高不成立，那麼能源價格變化將不會反應在資源配置環節的比例變化上，而會直接導致產品成本改變，降低部門的利潤的空間，從而將本部門的生產要素擠出到其他部門，最終通過部門構成結構的改變實現總體能源效率的提升。劉紅玫（2002）等研究發現，中國經濟增長過程中能源價格的上升，尤其是理順煤炭和石油的價格機制，對能源效率的提升作用十分顯著。

（4）能源消費結構

能源消費結構是指煤炭、石油、天然氣、電力等能源品種在總體消費中的份額構成情況。由於不同的能源品種在儲存、轉換、加工、熱損失及成本等方面差異較大，能效水準高和污染物排放較少的能源如石油、天然氣及電力等替代效率較低且污染物排放嚴重的煤炭，會有效提升同等能源消費數量的熱淨值，從而改變能源消費的強度。滕玉華（2008）、徐士元（2010）等的研究都認為，電力消費比重的增加帶來的能源消費結構優化，對能源效率的提升具有十分積極的影響。但值得注意的是，中國「富煤、少油、缺氣」的自然能源稟賦特徵，導致長期以來依賴於煤炭的使用，且投入了大量的基礎設施用於煤炭的開採、輸送以及轉化等環節，短時間內要改變以煤為主的能源消費結構似乎並不現實，而讓煤炭更多地進入發電和中間轉換環節，從而減少煤炭在終端環節的使用，似乎更符合中國能源稟賦所決定的能源消費結構優化方向。

（5）固定資產投資

由於存在要素替代，在考察能源要素投入的過程中，其他要素如勞動、資本等要素的投入也會影響工業能源效率水準。一般來講，在一個要素充分流動的、完全競爭的市場，要素價格在均衡狀態下與其邊際收益率相等，因此，要素投入的變化實際上是價格變化的結果。而中國的典型事實卻是強投資與弱勞動的要素分配模式，要素價格與要素邊際生產率之間存在偏離。白重恩（2008）等學者的研究也證實了這一點。而且，中國的要素市場，特別是能源要素市場尚未完全放開，政府的管制較多，價格的變化並不能完全作用於要素市場。考慮到這一點，本書將資本要素的投入作為模型考察的變量之一，以分析投資對工業能源效率的影響。

（6）對外開放程度

對外開放程度會對能源效率產生影響，其中最為首要的影響因素是外商直接投資（FDI）。首先，它體現在外資湧入帶來的技術擴散以及技術外溢上。

魏楚（2009）的研究認為，外資進入所形成的供應鏈效應、競爭追趕效應以及人力資源的流動等，有效提升了中國的管理水準和技術水準，從而使微觀企業領域的技術效率和總體生產率都得到提升。而且，FDI 流出國通常具有較高的能效標準和生態環境標準，這會使 FDI 流入國更傾向於使用比國內更高效的節能減排技術，這會顯著推動中國節能技術的發展和能源效率的提升。其次，FDI 通常集中於中國的工業部門特別是製造業環節，這將顯著改善中國工業內部的行業結構以及與之相應的產業結構，從而進一步加速中國工業化的發展水準，能源效率隨之得以改善。而且，FDI 的進入有利於中國規模經濟的改善，這將總體提升能源要素投入的產出效率。張賢（2007）、葉素雲（2008）等選擇中國各省份的數據進行研究，認為 FDI 對中國能源效率具有明顯的正向、積極作用。值得注意的是，在這些研究中，也存在一些不同的結論，如沈坤榮（2003）就發現，FDI 投入的持續增大會在某種程度上對流入國的技術研發機理產生抑制作用。此外，對外開放的影響還會通過貿易進口和貿易出口反應在能源效率的變化上。

（7）市場化程度

市場化程度對工業能源效率的影響，首先來源於價格變化引致的調節功能得到實現和強化，其次是技術進步和知識存量的變化帶來的經濟效率的改善，這些都能顯著提高能源效率。而且，市場化程度的提高，會帶來人均收入水準的增長，由此產生的對普通消費品的需求在工業產品中的份額上升，同時第三產業發展迅速，經濟結構得到改善，這都會在客觀上提升中國工業能源效率。

（8）經濟發展和城市化水準

除了上述主要的影響因素外，城市化水準也給工業能源效率帶來影響，一方面，隨著城市化進程的加快，大量人口進入城市，客觀上增加了能源消費的總量；另一方面，規模經濟的形成又為能源效率的提升創造了條件，且城市化會促進產業的重心向第二產業和第三產業轉移，能夠在一定程度上推動產業結構的調整。因此，在能源效率影響因素的分析中應當充分考慮城市化水準帶來的影響。此外，一個區域的經濟發展水準也會影響當地的能源效率。

4.2.2 樣本說明

如前一小節的分析，本書確定了工業能源效率的影響因素，包括技術進步、產業結構及產業結構調整、能源價格及能源消費結構等，以下將對如何具體衡量樣本進行說明。

能源效率值：前文中通過數據包絡分析模型計算而得，用 CIEE 來表示。

技術進步：對技術進步的衡量，有的學者通過 DEA 模型測算全要素生產率，以此來表示技術變化，有的學者選擇研發經費投入或者科研人員投入作為技術衡量的指標，還有的學者對技術進步的類型進一步細分，用技術引進和消化吸收的經費、技術研發和改造經費等指標來衡量。本書選取專利申請數量來表徵技術進步，數據來源於《中國統計年鑒》，用 TP 來表示技術進步。

產業結構及產業結構調整：中國工業部門的能源消費占比長期在 70% 左右，集中了大部分的能源消耗，且三次產業的能源效率水準差異很大。在大部分文獻中，對產業結構的衡量都採用第二產業產出在國內（地區）生產總值中的比重來表示，或者用工業產值來表現結構變化，這樣處理能夠較直觀地反應產出的變化對能效的影響。因此，本書的產業結構用第二產業的產值占國內（地區）生產總值的比重來表示，數據來源於《中國統計年鑒》，符號為 IS。而產業結構調整情況則用第二產業和第三產業產值的比值來表示，數據來源於《中國統計年鑒》，符號為 ISR。

能源價格：能源產品種類眾多，即使是相同的產品，由於質量不同，其價格差異也比較大，因此，能源雖有統一的標準煤計量單位，卻難以以統一的價格單位來衡量。部分研究採用燃料動力的價格指數來表徵能源價格（林伯強，2002；滕玉華，2009），還有的研究在衡量能源要素價格變異的時候採用的是能源和勞動力的價格指數變化率，其中勞動力價格用城鄉人均收入水準的加權平均數來表示，本書用工業生產者出廠價格指數（按 1996 年不變價計算）來表示能源價格因素，數據來源於《中國統計年鑒》，符號為 EP。

能源消費結構：在相關的研究中，一般用電力消耗在整個能源消費中的比重，來刻畫高端清潔能源在整個能源消費結構中的變化，或者用煤炭消耗的份額來反應低端能源消費情況，這兩類指標的選取是類似的，因為一方能源消費的上升意味著另一方能源使用的下降。本書用工業能源消費中煤炭消費量占比來表示能源消費結構的變化，數據來源於《中國統計年鑒》，符號用 ECS 表示。

固定資產投資：部分學者研究固定資產投資對工業能源效率的影響時，採用資本存量這一指標，但對估算資本存量的方法比較有爭議，本模型採用全社會固定資產投資額來表示固定資產投資，數據來源於《中國統計年鑒》，符號為 IN CPT。

對外開放程度：關於對外開放程度的衡量，在相關的研究中指標比較統一，基本上都採用的是外商直接投資的總體規模，本書也是直接選取《中國統計年鑒》中的數據來進行研究的，符號為 FDI。同時，本書還選取了貿易進

口額和貿易出口額來反應對外開放程度對能源效率的影響，數據來源於《中國統計年鑒》，分別用符號 IM 和 EX 表示。

市場化程度：市場化程度對中國能效水準提升的作用是毋庸置疑的，但在實證研究中如何度量市場化程度卻難以統一。塗正革等（2005）採用非國有經濟的份額來表徵市場化程度，吳巧生等（2005）採用 NERI 指數來衡量中國市場化水準，唐玲等（2009）選用的指標是私營企業及外資企業的份額。本書考慮數據的可得性和連續性，選取國有企業工業總產值（包括國有控股的企業）占全部工業產值的比重來表示市場化程度，數據來源於《中國統計年鑒》，符號為 MARK。

其他本書還涉及的模型樣本包括：

經濟發展水準：用實際人均工業產值（按 1997 年不變價計算）來表示經濟發展水準，數據來源於《中國統計年鑒》，用符號 EDL 表示。

城市化率：用該區域的城鎮人口占總人口的比重來衡量城市化率，數據來源於《中國統計年鑒》，符號用 URBAN 表示。

4.3 模型的建立

空間計量經濟學是通過對數據模型的建立、估計和檢驗分析，研究由空間產生的一系列特性的一門科學（Anselin，2004）。它作為微觀計量經濟學的一個分支，主要研究面板數據中空間的相關性或異質性，以及由空間引起的各種效應。

通過分析由 DEA 方法計算得出的全國及各省份工業全要素能源效率均值的空間分佈發現，中國的工業能源效率呈現明顯的由東到西逐步下降的趨勢，換句話說，中國工業能源效率在區域分佈上具有一定的規律和關聯性，因此在模型的構建中，應當考慮區域空間因素。

Anselin（1998）將空間計量的模型分為兩類，一類是基於空間滯後變量類型的空間滯後模型（SLM），另一類是基於空間相關性作用的空間誤差模型（SEM）。前者反應的是通過空間傳導機制，所有作用於一個區域工業能源效率的變量都會作用於其他區域，後者反應的是隨機衝擊結果導致的工業能效的區域外溢。因此，基於省際空間的工業能源效率影響因素研究模型也可以有兩種：空間滯後模型和空間誤差模型。

4.3.1 工業能源效率影響因素的空間滯後模型

設各省份的工業能源效率為 y，能源效率的影響因素為 X，空間區域的自迴歸系數為 ρ，N 個省份的空間鄰接權重矩陣為 W，估計參數為 β，隨機誤差項為 ω，則公式表述為：

$$y = \rho W y + X\beta + \omega$$

簡化可得：

$$y = (I - \rho W)^{-1} X\beta + (I - \rho W)^{-1} \varepsilon \tag{4.1}$$

因為每個逆矩陣都可以擴展為一個無限項序列，且影響因素解釋變量和誤差項的都包含其中，所以，模型的空間滯後項被認為是一個內生的變量，普通最小二乘法在聯立性偏差的作用下，會得到一個不一致、有偏的估計。因此在模型中對參數的估計採用最大似然估計法。

令 $\hat{\beta}_0 = (X'X)^{-1} X'y$，$e_0 = y - X\hat{\beta}_0$，$\hat{\beta}_L = (X'X)^{-1} X'Wy$，$e_L = y - X\hat{\beta}_L$

假定 $\varepsilon \sim N(0, \sigma^2 I)$，參數估計結果為：

$$\hat{\beta}_{ML} = (X'X)^{-1} X'(y - \rho W y) \tag{4.2}$$

$$\hat{\sigma}^2_{ML} = (e_0 - \rho e_L)'(e_0 - \rho e_L)/N \tag{4.3}$$

4.3.2 工業能源效率影響因素的空間誤差模型

設各省份的工業能源效率為 y，能源效率的影響因素為 X，誤差空間自相關係數為 λ，N 個省份的空間鄰接權重矩陣為 W，估計參數為 β，隨機誤差項為 u，則公式表述為：

$$\begin{cases} y = X\beta + \varepsilon \\ \varepsilon = \lambda W \varepsilon + \mu \end{cases} \tag{4.4}$$

簡化上式為：

$$y = \lambda W y + X\beta - \lambda W X\beta + \varepsilon \tag{4.5}$$

在模型誤差項的協方差矩陣中，非對角元素代表空間相關的結構，因此，普通最小二乘法得到的雖然是一個無偏估計，卻不是有效估計量。因此，在模型中的參數估計同樣選擇極大似然估計法。

令 $e = y - X\hat{\beta}_{ML}$

假定 ε 的協方差矩陣為 $\sum = \sigma^2 [(I - \lambda W)'(I - \lambda W)]^{-1}$，

則空間誤差模型的參數估計結果為：

$$\hat{\beta}_{ML} = [(X - \lambda W X)'(X - \lambda W X)]^{-1}(X - \lambda W X)'(X - \lambda W y) \tag{4.6}$$

$$\hat{\sigma}^2_{ML} = (e - \lambda W e)'(e - \lambda W e)/N \tag{4.7}$$

用拉格朗日法檢驗工業能效影響因素的計量模型，兩類模型的拉格朗日乘數公式為：

$$LM_L = \frac{[e'(I_T \otimes W_N)y/(e'e/NT)]^2}{[(W\hat{y})'M(W\hat{y})/\hat{\sigma}^2] + Ttr(W_N^2 + W_N'W_N)} \tag{4.8}$$

$$LM_E = \frac{[e'(I_T \otimes W_N)e/(e'e/NT)]^2}{Ttr(W_N^2 + W_N'W_N)} \tag{4.9}$$

式中，$W\hat{y} = (I_T \otimes W_N)X\hat{\beta}$，$M = I_{NT} - X(X'X)^{-1}X'$，$e = y - X\hat{\beta}$，$tr$ 為矩陣跡的運算，有 $TtrW_N'W_N = tr(I_T \otimes W_N'W_N)$，$tr(I_T \otimes W_N) = 0$。

根據公式得出兩類模型的拉格朗日檢驗統計量，由表 4-1 可以看出，$LM_L > LM_E$，因此，應選擇空間滯後模型分析省級區域工業能源效率的影響因素。

表 4-1　　　　　　兩類模型的 LM 檢驗統計量結果

檢驗方法	統計值	小概率 p 值
LM_L	45.307,5	0.000,0
R-LM_L	7.238,5	0.013,26
LM_E	40.875,2	0.000,0
R-LM_E	3.309,6	0.075,2

數據來源：按照公式 (4.8)、(4.9) 計算所得。

空間滯後模型可以選擇固定效應或者隨機效應模型，一般來說，當樣本為總體或者限於某些特定個體時，應選擇固定效應模型，而當樣本是從總體中隨機選取時，應選擇隨機效應模型。隨機影響模型的好處是它大大減少了要估計的參數，代價是，如果我們關於隨機常數項的假設被證明不恰當的話，得到的估計值可能是不一致的。本書的數據是基於中國除西藏外的所有省份，樣本覆蓋面廣，不存在隨機抽取，因此，本書選擇的是固定效應模型。

4.4　實證結果分析

固定效應模型包括時間固定效應、地區固定效應、時間和地區雙固定效應以及無固定效應四種滯後類型，本書利用 MATLAB 軟件對其分別進行了估計，結果如表 4-2 所示。從最後三行 R^2、Sigma^2 和 Log$L$ 的統計量可以看出，與其他模型相比，地區固定效應模型更為合適。

表 4-2　　　　　　　　　　四種模型的參數估計結果

變量	無固定效應	地區固定效應	時間固定效應	雙固定效應
Intercept	0.335,462 ***			
EP	-0.004,023 ***	-0.002,322 ***	-0.001,673 **	-0.001,425 **
IS	0.000,326	-0.006,489 **	0.002,022	-0.003,032
ISR	0.221,324 ***	0.132,561 **	0.165,270 **	0.072,021
IN CPT	0.016,753 **	0.012,357 ***	0.011,352 *	0.018,632 **
EDL	0.023,258 ***	0.026,931 ***	0.029,065 ***	0.032,335 ***
FDI	0.000,000	-0.000,000 ***	0.000,000	-0.000,000 ***
MARK	0.003,247 **	0.002,859 ***	0.002,963 **	0.003,115 **
URBAN	-0.000,329	0.000,262	-0.000,615	0.000,639
ECS	0.040,452	0.066,326	0.062,389	0.080,265 *
TP	0.000,000	0.000,000	0.000,001 *	0.000,000
IM	0.294,581 ***	0.345,012 ***	0.314,457 ***	0.491,256 ***
EX	0.224,561 **	-0.593,561 ***	0.183,692 *	-0.663,457 ***
W * dep.var.	0.318,072 ***	0.190,526 ***	0.311,276 ***	0.017,845
R^2	0.538,2	0.839,8	0.581,2	0.826,7
Sigma^2	0.038,2	0.015,5	0.036,0	0.016,9
Log$L$	103.255,9	373.556,0	125.664,2	395.993,5

註：*、** 和 *** 分別表示在 90%、95% 和 99% 的置信度水準下顯著。

（1）中國工業能源效率從空間的角度審視呈現出明顯的正相關關係

在上面四種空間滯後模型中，地區固定效應、時間固定效應和無固定效應三種模型的 W * dep.var 系數估計值都是正數，即都得出了表示空間相關性的自迴歸系數，且在 1% 水準下通過顯著性檢驗，說明中國工業能源效率從省級或區域的層面看，正向空間溢出效應十分顯著。

由模型的計算結果可知，工業能源效率的常數項 α 為 0.737,327，表 4-3 是通過地區固定效應模型估計出的各省份的截距項 α_i 的值，α_i 表示各省份工業能源效率偏離常數項的水準。由表 4-3 中數據可以看出，中國工業能源效率水準基本呈現從東到西逐漸降低的態勢。原因可能在於東部地區自然條件優越，加上長期以來中國對東部地區的政策傾斜，東部地區資金和人才更容易形成集聚效應，因此，工業能源效率在東部表現為明顯的正向偏離。而西部地區由於經濟發展水準相對落後，高能耗的產業結構難以在短時間內得到調整，加

上資金、技術和人才相對匱乏，因此工業能源效率在西部大多表現為負向偏離。

表 4-3　　　　　　地區固定效應模型中截距項 α_i 的估計結果

省份	α_i 估計值	省份	α_i 估計值	省份	α_i 估計值
廣東	0.750,82	湖南	0.032,05	河北	-0.154,72
江蘇	0.498,95	北京	0.010,87	甘肅	-0.204,95
浙江	0.495,66	河南	-0.029,60	新疆	-0.222,09
上海	0.412,95	四川	-0.030,53	內蒙古	-0.230,91
福建	0.347,36	廣西	-0.035,44	山西	-0.254,11
黑龍江	0.339,77	安徽	-0.048,40	青海	-0.284,03
山東	0.160,91	陝西	-0.095,55	寧夏	-0.318,77
天津	0.155,63	湖北	-0.103,36	吉林	-0.335,20
江西	0.105,56	重慶	-0.118,12	貴州	-0.344,59
遼寧	0.067,84	雲南	-0.129,16	海南	-0.438,83

（2）結構調整、經濟發展水準、貿易進口額對中國工業能源效率正向影響作用顯著

本模型中結構調整情況採用的是第二產業和第三產業產值的比值來表示的。模型結果顯示，產業結構調整對中國工業能源效率的提升具有十分顯著的積極作用，結構調整每改變一個單位，能源效率就會增加13%。但應當看到的是，中國目前的產業結構轉型還是一種粗放意義的方式。表面上看，第三產業的產值有所增加，但第二產業的產值變化卻不明顯，特別是前文分析中提到的第二產業內部高能耗行業的占比並沒有明顯降低，甚至在2009年以後還有加重的趨勢，不過由於規模整合淘汰帶來的技術效應，讓工業產值儘管有所減少但能效卻得到提升，最終表現出產業結構調整對工業能源效率的正向作用。這警示我們在下一步的工業節能路徑中，要更加重視產業結構的調整，特別是工業內部各行業的結構調整，使產業結構調整對工業能源效率的影響作用發揮得更直接。

模型中用人均工業產值來表示經濟發展水準，結果顯示，經濟發展水準與工業能源效率呈正相關關係。經濟發展水準越高，政府有更多的資金投入能效的改善，從而增加能源投入的產出，降低污染物的排放，促進了能效的提升。但要特別注意的是，對於政府在經濟發展過程中的投資偏好，須加以引導和約束，政府如果過度追求國內（地區）生產總值的增長，就會傾向於資本密集

型的工業行業，從而加重工業結構的重型化，這將會顯著影響能源效率的提升。

貿易進口額對能源效率的正向作用十分顯著，每增加 1% 的貿易進口，能源效率將會提升 0.34 個單位。這是因為中國對進口商品的消費增加了國內生產總值，卻沒有帶來能源的消費和污染物的排放，從而起到節約能源和保護環境的作用，也在客觀上提升了中國工業的總體能源效率。

（3）市場化程度對中國工業能源效率存在正向影響

本模型以國有企業工業產值占地區總產值的比重來表示市場化程度，雖然難以充分體現市場化程度對工業能源效率的影響，但即使這樣，模型中估計結果依然通過了顯著性檢驗。結果表明，國有經濟成分的份額每下降一個百分點，能源效率將提升 0.002 個單位，也就是說，民營經濟的增長，將會從微觀上改善資源的配置水準，從而形成市場化的節能激勵機制，引導生產者自省進而形成提升能源效率的自覺微觀環境。應當看到的是，節能約束現實並不能倒逼國有企業的份額減少或退出。事實上，近十多年來，在某些領域的「國進民退」趨勢十分明顯，原本是對國有企業的民營化改造最後演變為國有資本收購民營企業，國有企業的身分不僅沒有徹底轉變，反而在現代股份制改造過程中使制度優勢和規模優勢得以進一步強化。而國有企業大多為處於上游的高能耗資本密集型部門，這不僅增強了重化工業的階段性特徵，而且使得借助於結構調整帶來能效降低的路徑障礙重重。因此，如何在國有屬性不變的情況下，引導和約束國有企業進行成本控制、效率改善，走集約發展之路，是實現國有經濟發展與能效提升有效融合的關鍵問題。

（4）產業結構、對外開放水準等因素對工業能源效率的負向作用顯著

本模型中的產業結構是用第二產業的產值占國內（地區）生產總值的比重來表示的，由於第二產業中高耗能行業狀況並未得到徹底的轉變，因此，第二產業在國內（地區）生產總值中的份額越高，單位產值的能耗值就越高，這與很多文獻中基於能耗強度的影響分析結果一致，也恰好解釋了 2009 年以來中國的能耗強度為何出現不降反升的趨勢。金融危機以來的四萬億刺激計劃大量投向鐵路、公路等基礎設施建設，使得工業內部高耗能行業的占比增加，從而影響了工業能源效率的改善。

FDI 在本模型中與能源效率呈負向關係，這與張賢、周勇（2007）等學者的研究出現了偏差。他們的研究證明 FDI 的流入能夠帶來技術的外溢，從而提升流入國的能源效率。但 Driffield（2003）的研究則認為，FDI 會對流入國的自主創新和自主研發進步存在一定的抑製作用，這可能在一定程度上抵消外資

技術的擴散作用。這比較符合本書的實證結果。從長遠來看，FDI 的技術外溢作用逐步衰減，外商的投資大部分集中於機器設備、部件加工等硬件方面，直接投資於技術研發的比較少，因此，外商投資對能源效率的改善並沒有產生實質性的作用。而且，硬件製造生產的過程，還會對能源效率起到負向作用。由於 FDI 相對於國內投資總體數量較小，因此在模型中雖然通過了 1% 水準的顯著性檢驗，但模型的參數估計值接近於 0。

在對外開放水準對能源效率的影響中，本書還選取了貿易出口額這一指標。結果表明，貿易出口額對能源效率具有負向影響。貿易出口額每增加一個單位的總量，能源效率將下降 0.6 個單位，負影響作用十分顯著。這也從一定程度反應出，中國出口的產品大多為資源能源消耗比較高的類型，在國內消耗大量的能源和材料，並排放較多的二氧化碳，對環境造成污染，並拉低了總體的能源效率。

（5）能源價格對能源效率存在負向影響

在能源價格的影響作用方面，與通常的經濟學理論或預期的估計不同，模型的估計結果表明，能源效率並沒有隨著能源價格的提升而顯著改善，反而呈現出負向的影響。也就是說，能源價格的提高反而刺激了能源要素的投入，每增加一個單位的能源相對價格，能源效率會下降 0.002 個單位，雖然作用不十分明顯，但統計卻十分顯著。這與王衛華（2011）、王祥（2012）等的研究結果相似，他們也發現能源價格上升將會進一步加劇某些工業行業的能源需求。原因可能在於，中國的能源消費大部分集中於工業部門，特別是居於產業鏈上游的工業行業裡，這些部門通常具有較強的議價和成本轉移的能力，可以通過議價或成本轉移的方式稀釋能源價格上漲帶來的成本改變。同時，這部分行業和部門通常都是以國有資本為主體，或者具有較明顯的壟斷屬性，在高利潤的支撐下，微觀改善能效的動因不足。還有一個原因是，中國政府對能源領域的干預較多，能源體制改革滯後和價格形成機制不健全等進一步弱化了行業、部門及企業等微觀主體對能源價格變化的反應。

無論怎樣，模型估計結果至少從側面反應出中國的市場經濟由於多種影響因素的存在，通過市場的方式有效配置資源的能力還不樂觀，要素配置效率在微觀經濟領域的水準還比較低。雖然能源定價機制在逐步完善，環境成本也逐步納入能源價格體系，但由於工業節能領域相關激勵引導約束機制的缺失，能源價格所產生的正向作用仍將被部分抵消。

（6）投資驅動模式對中國工業能源效率產生負影響

模型的估計結果表明，每增加 1% 的投資，能源效率將下降 0.012 個單位，

這說明以投資驅動為主的增長模式,在固化了增長對投資依賴的同時,又降低了能源效率。從模型結果的分析中,我們可以得出以下信息:首先,這種負相關的關係印證了資本和能源要素之間並非替代關係而是互補關係。其次,中國的經濟增長模式主要由投資和出口拉動,在消費難以有效驅動產出的情況下,當出口和外需下滑,擴大國內投資保持經濟增長就成為必然選擇,而由此產生的後果之一就是能源效率的階段性下降。事實上,「十一五」期末和「十二五」期初的能效變化就印證了上述結論,這讓節能減排的複雜性大大增加。最後,從長期來看,以投資驅動為主的增長模式,對勞動力存在持續的擠出效應,勞動力在中國經濟增長中的優勢作用不斷被弱化,而能源要素的支撐作用和要素配置的扭曲卻被進一步固化,與收入分配體制改革中提高勞動力分配份額這一變革趨勢矛盾明顯,這將為工業能源效率的提升帶來更大的壓力。

(7)能源消費結構、城市化率和技術進步對中國工業能源效率的影響不顯著

能源消費結構反應的是煤炭消費量在能源消費總量中的占比情況,模型估計的結果顯示能源消費結構對中國工業能源效率的影響是正向、積極的,結構每改變一個百分點,能源效率將上升 0.066 個單位。但本書中能源消費結構對工業能源效率的影響沒有通過顯著性檢驗,這可能是因為模型選取的是1997—2013 年的數據,歷史時期比較短,中國富煤、少氣、缺油的能源稟賦特徵決定了中國的能源消費結構在短時間內難以有大的改變,因此,能源消費對中國工業能效的影響不顯著。從這一點上,我們應當注意的是,在未來的一個較長時期內,以煤炭為主的能源消費結構仍然是中國能源消費的主要特徵,而煤炭在熱值轉換、存儲、加工等環節的效率相對較低,且污染物排放較為嚴重,這對中國能源效率的提升是難以逾越的障礙。因此,如何減少煤炭在終端能源消費中的份額,提升利用煤炭進行火力發電的效率以及改善火電輸送、存儲、應用等技術,是未來降低能源效率比較現實的路徑之一。

針對城市化率對工業能源效率的影響,部分學者的實證研究認為(師博,2012)可以用 U 形曲線來表示,即在城市化水準較低的時候,它將抑制工業能源效率的提升,而當城市化水準發展到較高階段,它會促進工業能源效率的提升。本書的模型實證結果卻顯示,城市化水準對中國工業能效的影響不顯著,原因可能在於,一方面,有的城市化是由戶籍變化帶來的,城市化水準並沒有統計數據顯示的那樣高,另一方面,城市化雖然帶來了城鎮規模的擴張,但與之相應的工業基礎支撐作用還未得到有效發揮,而且,大量人口進城導致的能源消費增加和二氧化碳排放增加,抵消了城市化可能帶來的能效提升,使

得城市化對中國工業能源效率的影響不顯著。

在技術進步對工業能源效率的影響方面，本書的實證結果表明其影響不顯著。這可能是因為本書選取的是專利申請數量這一指標來表示技術進步，這一指標對能源效率的影響路徑十分複雜，其作用通常比較滯後，而且還有回彈效應，從而在估計的結果上表現出不顯著的影響。雖然近年來中國專利申請的數量保持了較大幅度的增長，但是創新領域的法治化機制並不健全，創新的引導、培育、保護和轉化機制都不完善，企業的技術創新更傾向於技術引進和模仿，而非自主培育創新。中國尚處於工業化加速發展期，工業部門在一個較長時期內仍然會保持較高的份額，產業結構可能會維持相對穩定，在這種情況下，要實現能源效率的提升，一個較好的路徑就是通過技術進步實現生產效率的改善，從而形成節能降耗的長效機制。因此，加快自主技術研發創新，改變以外來技術為主的模式，逐步建立有利於自主技術進步的激勵機制和市場競爭環境，是提升能源效率、實現節能目標的必由之路。

4.5 模型進一步擴展研究：基於不同能效區域層面

根據前文實證結果的分析，我們發現 FDI、技術進步和能源價格等影響因素並沒有如經濟學理論所描述的或者我們所期望的那樣與工業能源效率呈顯著的正相關關係，FDI、能源價格甚至與工業能源效率存在負相關關係。但以 FDI 為例，觀察實際中的現象我們會發現，那些 FDI 流入較多的省份如上海、江蘇和廣東等，通常具有更高的工業能源效率，而那些對外開放程度較低且 FDI 流入較少的省份，如貴州、寧夏、青海、新疆等地，也通常存在能源效率低下的事實。那麼，是什麼原因導致了模型的結果無法支持我們通常理解的結論？是否因為樣本數據平均和加總的衡量模式掩蓋了兩者之間真正的關係？出於對這個問題的思考，本書將樣本模型進一步拓展，按照各省份不同的能源效率值劃分區域，從區域的角度研究各因素的影響結果。

4.5.1 不同工業能源效率區域劃分

由於中國地域遼闊，不同的省份在長期的發展過程中，結合自身的資源稟賦和地域特徵，形成了不同的經濟結構模式、增長模式和發展水準，基於全部省份平均意義加總的樣本衡量，可能會掩蓋能源價格、技術進步以及結構、外資等因素對工業能源效率的真實影響水準和作用軌跡。基於這種考慮，本書按

照工業能源效率高低值的不同，將樣本劃分為高能效區域、中能效區域和低能效區域三個區域維度（見表4-4），以考察各影響因素對工業能源效率的影響是否存在區域特徵的差異。

表4-4　　　　　　　　不同工業能源效率區域劃分

區域	省份
高能效區域	北京、廣東、江蘇、浙江、上海、黑龍江、福建、天津
中能效區域	山東、湖南、江西、遼寧、河南、四川、廣西、安徽、陝西、湖北、重慶、雲南、河北、內蒙古
低能效區域	海南、貴州、吉林、寧夏、青海、山西、新疆、甘肅

4.5.2　不同能效區域模型檢驗結果分析

根據前面的模型，本節選取了能源價格、技術進步、能源消費結構、產業結構、FDI、市場化程度、固定資產投資等因素，分析它們對各區域工業能源效率的影響，考慮到在前面的模型中有的衡量指標影響不顯著，我們將技術進步的衡量指標改為研究與試驗發展（R&D）經費投入，將產業結構的指標改為工業內部六大高耗能行業的占比，指標內容略有變化，但檢驗方法不變。檢驗結果如表4-5所示。

表4-5　　　　　不同能效區域面板模型參數估計結果

變量	高能效地區	中能效地區	低能效地區
EP	0.008,296**	—	-0.007,532***
TP	0.039,252**	0.055,863**	0.079,265**
IS	0.035,269***	0.092,582**	0.184,562***
ECS	0.024,256***	0.037,986***	0.003,127***
IN CPT	0.007,125***	0.000,538***	-0.020,953***
FDI	—	0.132,132***	-0.042,572***
R^2	0.776,5	0.841,9	0.722,6
D. W.	1.342,7	1.664,8	2.235,1
F統計量	40.892,5	79.221,5	29.366,9

註：** 和 *** 表示通過5%和1%水準下的顯著性檢驗，—表示未通過顯著性檢驗。

根據模型檢驗的結果，我們可以得出以下結論：

第一，能源價格對工業能源效率的影響在本模型中的檢驗結果與在全樣本

模型中的檢驗結果存在很大的不同。在高能效地區，能源價格具有較好的信息傳導調節機制，價格的提高對能源要素的投入起到明顯的抑製作用，價格每提高一個百分點，能源效率將會上升0.008個單位。而在低能效地區，能源價格對工業能源效率則存在負向影響，價格的上升不但不能降低能源效率，反而會增加能源的消耗。這提醒我們，在確立低能效地區的節能目標的時候，不能只看到節能潛力，還要充分考慮區域差異。低能效地區在追求經濟增長的過程中，已經形成了以高耗能工業為主的結構，短期內能源價格的上漲，不僅不會改善能源效率，反而可能會由於成本增加等問題使得低能效地區陷入低端產業陷阱。在中能效地區，能源價格的變化沒有通過顯著性檢驗，原因可能在於，一方面，中能效地區的增長模式依然以粗放型為主，市場化水準、所有制結構、體制機制障礙等因素致使微觀領域對能源價格的敏感性降低；另一方面，中能效地區正處於現代工業模式的轉型階段，對創新要素質量更加注重，能源價格正逐漸發揮其微觀信號調節作用，兩種力量的交織作用弱化、抵消了能源價格對工業能源效率的影響，導致檢驗結果不顯著。同時，這也進一步驗證了在全樣本的檢驗中能源價格與工業能源效率呈負相關關係的結果。

第二，技術進步對劃分能效區域的工業能源效率呈顯著的正影響。這與之前的模型估計結果十分不同。從高能效區域到低能效區域，技術進步帶來的能源效率改善呈逐步增加的態勢，研發經費投入每增加一個百分點，高能效、中能效、低能效區域的工業能源效率分別上升0.039、0.055和0.079個單位。這也告訴我們，技術進步無論在哪個能效區，都是比較穩定的能源效率提升路徑。尤其是在低能效區域，技術進步在後發優勢的條件下，具有較大的節能空間。在未來的節能路徑中，應該更加重視技術進步帶來的節能效果，無論是技術引進、創新還是自主研發技術，都應該加快技術推進的步伐。

第三，能源消費結構的優化對不同能效區域的工業能源效率產生正向影響。具體來看，中能效地區的影響最為明顯，煤炭消費量每下降一個百分點，中能效地區的工業能源效率將上升0.037個單位，其次是高能效區域。低能效區域對消費結構的變化不敏感。原因可能在於高能效地區一般具有較高的經濟發展水準，在較高收入的情況下對節能減排、環境保護更為關注，能源結構相對合理，而低能效區域通常是煤炭儲藏和開採集聚之地，較低的環境成本讓低能效區域對煤炭消費的依賴程度一直處於較高的水準。

第四，產業結構對不同能效區域工業能源效率產生負向影響。全樣本模型選取了第二產業占比作為衡量指標，本模型則用工業內部六大高耗能行業的占比來作為衡量產業結構的指標。無論是哪一種指標，得出的結果都一樣，即產

業結構和工業能源效率呈顯著負相關關係。在本模型中，產業結構對工業能源效率的影響呈現由高能效區域向低能效區域逐步增強的態勢，具體表現為，在高能效區域，工業內部高耗能行業每上升一個百分點，工業能源效率將會下降0.035個單位，而在中能效區域和低能效區域，則分別下降0.09個單位和0.18個單位。應當注意的是，近年來，由於高能效區域具有更高的節能減排意識，而低能效區域出於對經濟增長的渴求，環境規制程度和生態約束力度都相對比較寬鬆，部分高耗能工業行業逐步向低能效區域遷移、集中，這將進一步惡化低能效區域的結構性矛盾，通過結構節能的路徑將變得舉步維艱。因此，對於中低能效區域，在今後的節能工作中，要處理好經濟增長、能源節約、環境保護三者之間的關係，讓技術節能和結構節能同時在能源效率改善的過程中發揮作用。

第五，固定資產投資對不同能效區域工業能源效率的影響也出現了與之前不同的檢驗結果。在本模型中，固定資產投資與高能效區域和中能效區域的工業能源效率呈現顯著負相關關係，這與前文的檢驗結果類似，而與低能效區域的工業能源效率則存在顯著正相關關係。也就是說，在資本不斷深化的過程中，低能效區域的能源效率會不斷提高。原因可能在於，在資本不斷深化的過程中，會伴隨著更多的工藝、設備以及技術的使用，企業得以在一個更高的水準上運行，從而使工業能源效率在物化技術改善和規模效率提升的基礎上得到提高。應當注意的是，這種提升源自初始處於較低水準和後發優勢的條件，一旦資本累積和技術改善達到一定的臨界點，資本的深化將會對低能效區域的工業能源效率產生反作用。

第六，FDI與工業能源效率在全樣本模型中呈現負相關關係，但估值接近於0，在分能效區域的模型中，則出現不同的影響結果。在高能效區域，FDI的影響作用不顯著，而在中能效區域，FDI與工業能源效率呈顯著正相關關係，在低能效區域則呈顯著負相關關係。這與葉素雲等（2010）的研究結果有些類似。他們按照東部、中部和西部來劃分區域，在他們的研究結果中，東部地區隨著FDI流入的增加，能耗水準顯著降低，而中部和西部區域卻出現能耗水準上升的現象。換句話說，FDI的流入與不同能效區域之間似乎存在著這樣一個規律，即隨著經濟水準的降低，FDI對能源效率的作用在不斷地減弱。發達地區更傾向於利用外資的技術外溢效應來改善高耗能行業的能源利用水準。

總的來說，按照不同能效水準劃分區域的影響因素模型結果表明，區域經濟發展水準、經濟結構和區域特徵確實顯著地反應在能源效率這一指標上，能

效水準高的區域大部分是東部較為發達的省份，這部分區域工業化的累積基本完成，在高耗能產業轉移外遷、技術升級改造及產業鏈整合等措施下，產業結構均衡化趨勢漸成，微觀主體的理性化、市場要素流動的高效率都使得能源效率的變動機理更符合經濟學理論的解釋。而低能效區域包含的省份，大多處於西部欠發達地區，正是追求經濟增長、提高收入水準、加速工業化發展的階段，在微觀領域常常有較多的政府干預行為，這些都使得市場配置資源以及價格信號傳導機制的作用被扭曲，產業分工鏈條的低端化、產業結構的重型化，給能源效率的改善帶來巨大壓力，在低能效區域，經濟增長和節能降耗通常表現為對立的關係。能源效率在這些存在差異的同一因素的影響下，必然表現出不同的變化水準，這提醒我們在確立能效目標和出抬激勵約束政策的過程中，不能採取「一刀切」的方式，必須考慮區域間的差異性。

5 中國工業節能經濟機制運行的現狀及問題

從整個國家到單個企業或家庭等很小的經濟活動單位，都可能面臨「如何組織經濟活動」的問題。如果在經濟活動中只有一種組織方式存在，便不會面臨選擇問題。經濟活動無論範圍大小，只要參與主體不止一個，關於經濟活動的環境信息便總是散布於各主體之間，這種客觀事實，就是經濟機制設計問題的根本原因。我們知道，隨著時間、空間和經濟活動類型的變化，治理和調節經濟活動的制度、政策和協議等也隨之發生變化，從而導致組織經濟活動機制存在多種可能。考察發達國家的能源消費路徑可以發現，如果能源消耗強度的變動軌跡真的存在倒 U 形特徵的話，那麼中國目前正處在以重化工結構為主的工業加速發展階段，通常這一階段的能源消耗強度會在一個上升的區間，而近十年來中國的能耗強度卻一直存在下降的趨勢。政府的節能經濟機制是如何通過政策的力度作用於能源強度水準變化的？是哪種政策和路徑確保了節能目標的實現？這樣的機制和路徑是否具有可持續性？本章將重點研究這幾個問題。

5.1 中國工業節能經濟機制的現狀

5.1.1 中國工業節能目標的確立與分解

在文獻綜述部分我們提到，胡鞍鋼等（2010）專門研究了將能耗約束納入或不納入國民經濟和社會發展的規劃綱要對能耗水準的影響，實證分析的結果顯示，節能減排約束性指標的確定及考核，對地方政府節能約束體系的形成起到積極的作用，從而有效地促進了能源消耗強度的下降。「八五」「九五」

期間能耗水準的下降印證了這一點。而在「十五」期間，由於亞洲金融危機的後續影響，為了減少對經濟的衝擊，中央取消了對能效的考核管制，也就是在這個時段，中國的能耗強度出現逆勢上升。正是基於這樣的情況，中國的國民經濟和社會發展「十一五」及「十二五」規劃綱要中，皆明確提出能耗下降和主要污染物排放削減的具體約束目標。但是，該目標是從宏觀層面提出的總量控制方向，而能源消耗強度的變化反應的卻是微觀層面投入和產出的變化。因此，必須將目標進行分解並形成合理的約束體系，這樣才能確保目標的實現。

　　由於不同產業之間或者產業內部的不同行業之間，要素配置情況、能源產品結構、生產技術水準、行業規模大小等存在較大的差異，節能政策的實施效果、節能降耗的措施路徑等也都各不相同。因此，比較優化的分解目標的方法是，根據不同產業或行業的屬性，制定反應本行業特徵和產品技術屬性的節能減排目標，並設計相應的約束機制和激勵政策，進而以企業為微觀管制對象進行垂直目標分解。現實的情況是，在高度分權的行政管理體制架構下，經濟發展的主體責任是各級地方政府，地方政府已經形成了調控或約束各類發展目標的考核、監督機制，並發揮著強大的作用。從行業的縱向維度進行約束的力量被弱化，行業主管部門如各部、委、局或者行業協會等行業主管部門，與地方政府在目標訴求及權責分配方面存在差異，導致來自行業的垂直約束對行業內部能耗水準管控的實際作用發揮不夠。因此，在當前的行政管理體制下，中國的節能目標實現採取的是「縱向管理、橫向約束」的體制：依託行業維度細化能耗標準及能耗產品，按照各部委的指導落實節能減排措施，而行政管理則依託地方政府，地方政府將節能的約束指標納入對當地官員的考核體系中，從而確保各項政策的落實。這樣，縱向行業主管部門定標準，橫向行政架構抓落實的節能約束體系便形成了。但是，一個接連而來的問題是，這種橫向約束的行政指標，也面臨著總量目標的進一步分解而下放到地方各級政府，而各省份或各區域之間，由於經濟發展的不均衡，在能源結構、發展階段、技術水準、產業模式等方面都有各自的特徵，能耗水準也有很大的差異，這種差異決定了各地在節能潛力以及由此產生的節能成本等方面各不相同。這就要求地方政府對本地能源消費情況、區域產業結構、要素配置形態、節能技術現狀以及未來發展前景等有深刻的把握，並在此基礎上提出能反應區域特徵和體現差異化的節能目標。從中央政府角度考慮，各省份的目標確定之後，也應該在總量目標實現的前提下，根據下級管轄區域的產業特徵、節能潛力和政策實施難易程度等逐步分解目標。例如，山西、寧夏、新疆、內蒙古等高耗能產業主導的省

份，資源能源分佈條件決定了他們承擔了更多的能源供應和保障方面的戰略任務，儘管技術水準和能源效率較低，但是節能的潛力和空間較大。應當看到的是，在長期的經濟發展過程中，由於歷史或現實的原因，中國實際上已經形成了一定的產業格局，即資源能源類初加工、高耗能產業等大多集中在西部欠發達地區，而產品的消費則集中在中、東部及沿海地區。因此，在西部地區即使能耗強度較高，也應相應降低約束指標的要求，從而降低調整的成本，減少對增長的影響。而在東部地區，由於產業升級和結構調整的難度相對較低，消費了更多的能源，且技術環境比較成熟，應該完成更多的節能指標。

然而，現實的情況是，在事權責權與財權不匹配、信息不對稱、官員考核體系依舊扭曲以及經濟發展願望迫切等多種因素的制約下，各級政府在相互博弈後形成了一個「一刀切」的目標分解體系，各省份提出的節能約束指標大多和國家的要求一致或僅有微小的出入。這種按照行政區劃逐級平均分解目標的體系不甚合理但卻似乎是必然的選擇。從下級政府來看，即使所轄區域內有較高的節能空間，但考慮到節能減排將成為一種長期的約束，那麼你要求我減少多少，我就實現多少，以保證在下一個考核期內能夠較好地完成指標。而對於那些節能空間十分有限的省份，基於績效考核的壓力和國家總量目標的約束，也難以提出更低的目標，實際上也無法根據自身情況確定一個較低的能耗水準，因為這通常需要足夠的理由才能獲得通過。而從上一級政府的角度來看，基於目前的考核辦法和行政運行機制，按照行政區劃逐級劃分目標似乎是最能落實到位，也最便於監督和考核的一種。值得注意的是，這種平均分解的劃分方法儘管便於考核，卻會使節能的總體經濟成本增加，因為有些節能潛力十分有限的區域，可能會為了完成指標而犧牲部分經濟增長。同時，這種簡單的分解也增加了總體目標完成的不確定性。這是因為，即使各省份的既定目標都完成了，但由於經濟增速不同，各省份占經濟總量的比重會發生變化，從而導致全社會總體層面的國內生產總值能耗強度無法達到目標。當然，也有一種可能是，即使有些區域無法完成既定的目標，但總體層面的節能減排指標已經實現。

5.1.2 地方政府在節能目標約束下的策略選擇

一個優化的節能經濟機制必然要求扭轉經濟增長對能源要素投入的過度依賴，用「低投入、高產出」的集約生產模式替代「高投入、高消耗」的粗放模式，但在當前的行政管理架構下，地方政府成了節能減排目標調控的主體，面臨著經濟增長和節能減排的雙重壓力，於是，在穩增長與降能耗之間，地方

政府有時候面臨艱難的選擇。從長遠來看，經濟增長與能源節約並非對立的矛盾關係，而是可以在統一的框架下協調發展的。利用財政、稅收、融資等經濟激勵政策引導形成節能的方向，加快節能產品和技術的研發利用，推進能源市場化的價格決定體系，激發企業微觀主體的內在需求，通過技術的升級和要素的流動實現產業結構的優化。這一發展路徑早已被能源經濟學的研究者們提出並在部分國家得以證實。但是，要求地方政府在一個五年規劃期內實現這些轉變並完成既定的考核目標，實在有些困難，至少在當前這種管理體制下，經濟增長和節能減排有時候難以兩全。因此，我們不難發現地方政府經常在穩增長和降能耗之間徘徊。

對地方政府而言，經濟利益刺激和政治晉升是激勵他們的主要動因，因此中國自1994年開始實行了分稅制改革，將部分財權下放到地方，而政治晉升激勵則和地方政績的考核有關。這種財政分權的管理框架格局，使地方政府在經濟和政治利益的雙重驅使下，不願捨棄通過過度的能源資源消耗來換取經濟增長的發展方式，況且，地方政府還肩負著一系列公共服務產品供給的繁重任務，如發展教育、保障和改善民生、促進就業、提供醫療服務等。因此，雖然能耗水準、污染減排、增長質量等指標已被納入地方政府的考核體系中，但是在上級對下級的綜合考核指標體系中，地區生產總值這一經濟增長指標似乎更加顯性，更容易考核和衡量，也更能體現政府的政績。正是基於這樣的現實，中國高耗能、高污染、低技術水準的產業份額一直居高不下。換言之，在地方政府的價值體系裡，經濟增長仍然是排在首位的，節能降耗雖然是硬指標約束，但必須服從於增長。這樣一來，地方政府為了保證經濟增長，不得不在多重目標訴求中進行排序選擇，要保證一定的增長速度，在慣有發展模式的驅使下，其內生增長路徑依然是對能源資源的大量消耗，而基於結構優化的路徑則需要一定的時間，短期內難以看出效果，這是考核體系無法衡量的。而且，在財力和政策方面地方政府也缺乏自主權，對節能工作的經濟激勵和政策導向力度不夠。所以，從宏觀上來看，中國的工業能源效率在經濟保持快速增長的情況下得到了提升，節能的目標在兩個五年規劃期內都順利實現了，但仔細考察就會發現，能效的提升大部分源於節能行政管控下的企業規模整合，地方政府選擇了一條契合中央政府目標且阻力相對較小的通道，從而迴避了導致能耗水準高的深層次原因和產業結構性矛盾。

5.1.3 中國工業節能經濟機制的著力點

正如本書第四章所述，提高能源效率的主要路徑包括產業結構調整、能源

結構優化、能源價格改革及技術進步等,那麼「十一五」和「十二五」期間能耗持續降低,究竟是上述哪個路徑起到了主要作用呢?

第一,工業內部結構的調整。由於中國尚處於工業化加速發展階段,重化工業的產業特徵拉高了能耗的總體水準。要降低能耗水準,一個可行的路徑就是通過調整工業內部的行業結構份額,推動工業向輕型化的方向發展。通過合理配置投資結構,控制向高耗能行業流動的要素和資本,抑制高耗能產業的發展,從而實現能耗的降低。但是從圖5-1中我們可以看出,2005—2013年,高耗能行業的能源消費量占整個工業能源消費總量的份額不僅沒有出現明顯的下降,反而總體呈現出逐漸上升的趨勢。2005年,高耗能行業能源消費量在工業總體能源消費量中的份額為70.48%,而2013年這個數據上升為73.34%。也就是說,「十一五」和「十二五」期間能耗水準降低的主要貢獻並不來自結構的調整,至少結構調整帶來的效果不明顯。

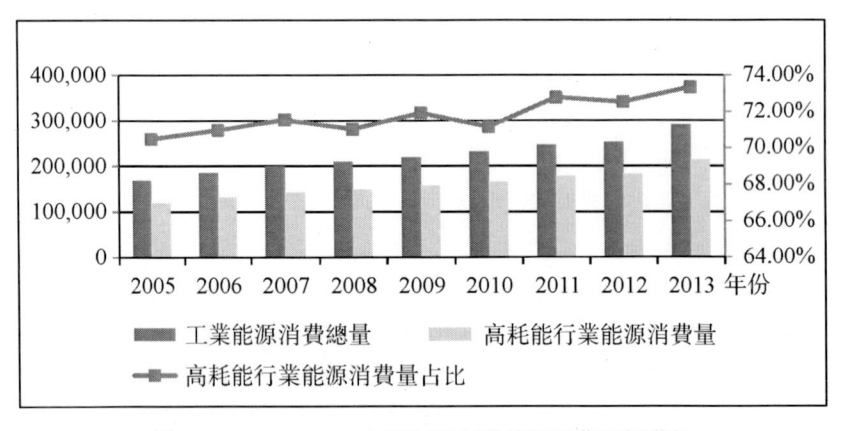

圖5-1 2005—2013年高耗能行業能源消費份額變化

數據來源:國家統計局官網。

第二,能源消費結構的變化。如果能耗水準降低來自能源消費結構的變化,那麼石油、天然氣和電力在能源消費中的比重應有明顯的上升。如圖5-2所示,2005—2013年,能源消費量的增速低於電力增速,即能源消費結構變化的主要特徵仍然表現為電力消費比重的上升。可以看出,2008—2009年,替代速度出現衰減的趨勢,而煤炭的消費量卻在這個時段大幅增長,以至於中國從2009年起成為煤炭的淨進口國。

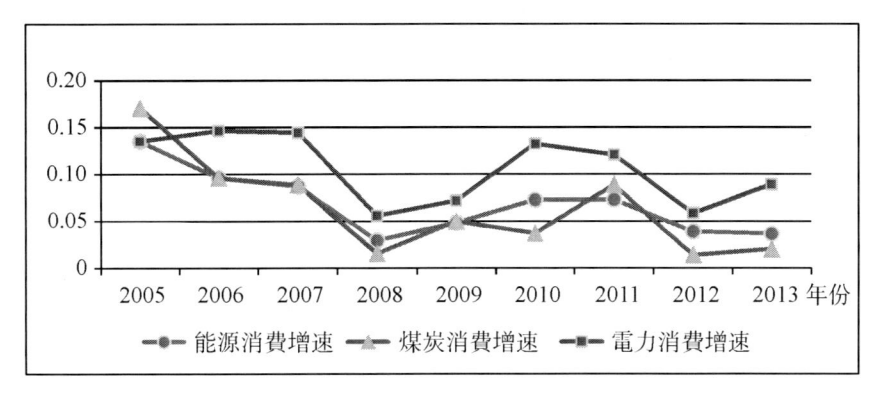

圖 5-2　2005—2013 年電力、煤炭和總體能源消費增速對比

數據來源：國家統計局官網。

第三，能源要素的市場化機制是否完善並發揮作用。實際上，近十年來，能源管理體制和價格機制並未進行根本性的改革，出於通貨膨脹的壓力和外貿對經濟增長的支撐作用等考慮，能源價格改革舉步維艱，非清潔能源消費帶來的生態成本、污染物排放的負社會外部性成本一直未能進入產品的價格構成中，導致能源價格對能源消耗水準降低的作用發揮相當有限。

第四，我們不難發現，在「十一五」和「十二五」期間，對能耗水準降低發揮主要作用的是行業內技術的進步和能源效率的微觀改善，那麼這種作用是沿著怎樣的路徑呢？在古典經濟學的理論中，單一要素的節能在增長過程中有兩種途徑，第一種途徑來自於中性技術進步，也就是在改善技術效率的條件下，相同的要素投入獲得更多的產出。另一種是有偏及誘致性技術進步，它帶來要素投入的替代，從而實現某種要素投入降低但卻實現相同的產出。在前文的分析中我們可以看出，加速資本深化在中國經濟增長過程中對能源要素產生擠入效應，這說明當前能耗水準的降低並非源自要素替代的發生，那麼，路徑又是否源於技術效率的改善呢？通常來講，技術效率涉及的工藝、方法等要在保持增長的情況下實現變革具有其內在的時間規律，而政策對技術環節的作用更需要較長的時間引導，對外開放水準、外資的流入能夠使技術擴散加速，但在本書的實證分析中，並未發現其顯著影響到能耗水準。因此，我們將目光投向規模效率的改善。在前文的數據中，我們可以看出，自「十一五」規劃以來，特別是 2007—2009 年，高耗能行業的規模變化存在明顯的加速過程，正如魏楚等（2009）學者研究所證實的那樣，在地方政府「投資饑渴」及各省份之間過度競爭的驅使下，重複建設、區域壁壘以及市場分割的情況相當嚴重，在工業領域，企業規模化水準低、效率低下等問題普遍存在，大量能耗

高、污染排放嚴重、技術落後、規模小的企業，本可以通過市場化的競爭淘汰出局，但在地域性的市場分割保護下，它們分享了非競爭性的份額，從而得以繼續生存，這嚴重影響了中國生產率的提高和能耗水準的下降。

因此，中國現行的節能經濟機制，將著力點放在了較小規模的企業及其技術能效的改善上，通過淘汰落後產能、技術升級改造和限制最低標準實現總體能耗水準的下降。即對存量產能，一方面通過政府的行政干預，形成強制性的落後淘汰機制，關停不符合能效標準的企業；另一方面通過政府資金引導部分企業進行改造升級，包括重組兼併、設備更新、升級規模、技術改造等。而對新增的產能，則要求其符合最低能耗標準並限制其生產規模，從而提升整個行業的生產規模。這些政府干預措施和引導政策，在行業內部實現了生產要素的流動轉移，較高效率的企業獲得了更多的需求，對產業集聚和產業鏈的整合起到了較好的推動作用，從而在較短的時間內實現了技術的改善和能耗水準的下降。

值得警醒的是，政府選擇這種以規模改善為路徑的節能約束機制，並非因為它對能耗水準的降低最具影響力，而在於這種方式最具有操作性、最方便管制、監督和成本低廉，且能夠在較短的時間內實現中央既定的目標。齊建國（2007）在研究中指出，這種方式將地方政府和中央的目標有效地融合，兩級利益主體在此能夠實現政策取向的一致性和行政干預的動力。在部分高耗能行業，由於政府資金的補貼和規模的改造使其具有了更優的生產條件，加上落後產能淘汰所轉移過來的更多的需求，這部分企業不僅沒有縮減產出份額，反而擴張了產出能力，在總體需求結構不變的情況下，高耗能行業技術效率的提高帶來了區域經濟的增長，從而使得現行的節能指標要求與地方的經濟增長訴求達成了某種程度的微妙統一。而且，淘汰落後產能雖然會在一定程度上使一個區域在某方面的利益受損，但是在省際市場分割的條件下，淘汰落後產能擠出的要素向更高效率企業的投入通常發生在同省域內，這也是各級地方政府可以接受的。因此，以規模整合為路徑的節能約束機制最終將中央和地方、省級和地市州各級政府間的利益訴求實現了較好的統一，從而保證了約束機制實施的有效性。我們可以看到，在一個較短的時期內，在沒有觸及產業結構性矛盾和體制性改革的基礎上，中國的能耗指標出現了持續的下降。

5.2　當前中國工業節能經濟機制存在的問題

在前面的章節中，本書對「十一五」和「十二五」期間中國節能約束經

濟機制的作用軌跡進行了刻畫，應當說在較短的時期內，在保持經濟增長的情況下，實現能耗水準較大幅度的降低且未觸及結構的調整，這種路徑選擇和政策設計是成功的。但是，如果節能約束成為中國長期的調控目標，這樣的路徑又是否具有可持續性呢？

5.2.1 將能耗強度作為節能指標未真實體現能效狀況

自「十一五」規劃以來，中國政府將能源消耗強度作為考核政府節能工作的約束性指標。能源消耗強度作為能源效率的一個指標，反應的是當期能源消費總量與當期國內（地區）生產總值的比值，在一定程度上能夠說明中國宏觀的能源消耗效率。但深入思考後會發現，能耗強度的指標只能反應經濟活動對當期能源的依賴程度，並不能真實地體現能源節約的狀況。因為，當期國內（地區）生產總值的產出並非當期全部能源投入的體現，而當期的能源消費也不僅僅代表當期所有的能源投入。能耗強度作為能源效率的指標，實際上忽略了經濟活動的產出通常具有滯後性這一事實，當期的產出和當期的投入往往是不一致的。

第一，當期能源消費不僅是當期國內（地區）生產總值的來源，也為未來的國內（地區）生產總值做出了貢獻。而當期國內（地區）生產總值僅反應了當期能源投入的部分貢獻，沒有包括當期能源對未來國內（地區）生產總值的貢獻。以基礎設施建設或者其他固定資產投資為例，它們不僅為當期國內（地區）生產總值做出了貢獻，而且還作為固定資產對將來的國內（地區）生產總值貢獻率產生持續的作用，這種作用在能耗強度指標裡卻無法得到體現，這可能會使當期單位國內（地區）生產總值中的能源消耗被高估。通常來講，越是能源密集型投資拉動的區域，就存在越多具有長期效益的經濟活動，其單位國內（地區）生產總值的能源消耗情況就越是被高估。這提醒我們，目前西部欠發達地區能耗強度較高的現實或許並不能準確反應其能源效率現狀，在未來節能目標的劃分上應該給予酌情考慮。能耗強度指標存在無法反應當期能源對未來國內（地區）生產總值貢獻的局限性，如果繼續將其作為考核指標，則可能產生的後果是，地方政府更加重視能源投入的短期效益，而忽略長期效益。事實上，中國還處於原始累積階段，投資率較高是無法迴避的階段特徵，當期能源消耗中貢獻給當期國內（地區）生產總值的只是少部分，大部分的消耗將貢獻給未來，如果硬性規定大幅降低當期能耗強度，會導致政府更加忽視投資的長期性和有效性，助長投資的短期行為，這樣不僅無法改變中國當前投資結構不合理、投資有效性低的現狀，而且會加劇這一問題。表面

上看，能耗強度指標下降顯著，但從長遠來看，這可能會導致將來更多的能源消耗。例如，中國現在很多城市建設煥然一新，但城市地下設施建設卻嚴重滯後，由此可見一斑。

第二，當期國內（地區）生產總值不僅來源於當期能源消費，也來源於以往能源的消費。也就是說，當期國內（地區）生產總值產出不僅要依靠當期能耗，也要依靠過去的能耗，過去能源消費通過凝結在固定資產中貢獻給當期國內（地區）生產總值。因此，實際投入生產過程的能源，不僅包括當期的，也包括過去累積在固定資產中的能源消耗。發達國家和發展中國家的一個顯著區別在於資本存量的大小，前者資本存量大，而後者資本存量小。因此，發達國家的國內（地區）生產總值和發展中國家相比，其中凝結著更多來自資本存量的能源消耗，更進一步來說，發達國家所擁有的不僅包括資本存量，還包括優越的環境、更具優勢的科技實力、良好的教育水準等幾乎所有的現代文明都建立在過去大量能源消耗的基礎上。因此，使用只反應國內（地區）生產總值中當期能源消耗貢獻的能耗強度指標作為能源效率的衡量標準，必然導致發達國家的能源效率被高估，而發展中國家的能源效率被低估。在中國，學者通常將能耗強度水準和發達國家做對比，以中國能耗強度比發達國家高多少倍來作為節能潛力的依據，這種比較方式顯然有失偏頗，不利於能源效率的真實改善。

5.2.2　當前節能目標分解辦法忽略了地區差異性

當前中國節能目標的分解現狀是，在中央確定總體節能目標後，各省份的目標基本是平均分解的，各自要完成的指標差別不大。例如，「十一五」期間，各省份要求完成的能耗強度下降指標基本都在20%左右，「十二五」期間，各省份要求完成的指標大多是能耗強度下降16%左右。但是，各省份基礎的能耗強度值差別是非常大的，最高的省份和最低的省份能耗強度相差五倍多。從區域能耗強度的角度看，經濟發達的東部地區的能耗強度明顯低於經濟欠發達的西部地區，也就是說，經濟發展水準與能耗強度呈負相關關係。其實我們可以從能耗強度的計算公式中看出一些問題：

能耗強度＝能源消耗總量/國內（地區）生產總值＝人均能源消費量/人均產值

也就是說，能耗強度的另一種關係式可以用人均能源消費量與人均產值的比值來表達。在人均能源消費量一定的前提下，分母人均產值越大，其能耗強度就越小，反之，人均產值越小，其能耗強度就越大。而人均產值是衡量區域

經濟發展水準的重要指標，也就是說，能耗強度與區域經濟發展水準之間密切相關。圖5-3反應的是中國2013年各省份人均地區生產總值與單位地區生產總值能耗強度之間關係，可以看出，能耗強度與人均地區生產總值之間的負相關關係的趨勢十分明顯。

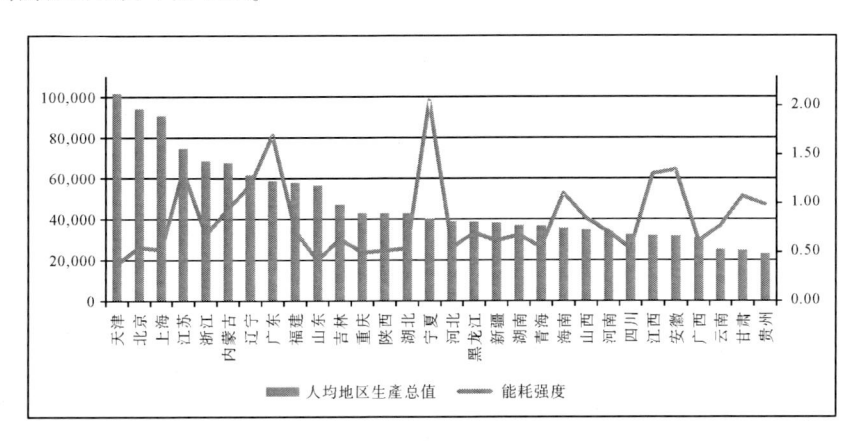

圖5-3　2013年各省份人均地區生產總值與能耗強度對比

數據來源：國家統計局官網和各省份統計局官網。

從產業的角度來看，能耗強度的公式還可以表達為：

能耗強度=能源消耗總量/國內（地區）生產總值=各產業能耗量之和/各產業生產總值之和

即：能耗強度 = $\sum_{i=1}^{n} D_i W_i$

D表示各產業的能耗強度，W表示各產業占國內（地區）生產總值的比重。

從上述表達式可以看出，地區產業結構對能耗強度影響很大，因為工業的能耗強度是其他產業的3~5倍，如果第二產業比重較大，則能耗強度就會很高，反之，如果第三產業比重較大，則能耗強度就會相對較低。圖5-4顯示的是2013年中國各省份的產業結構與能耗強度之間的關係。總體來看，第三產業比重較大的省份如北京、上海、廣東、浙江等，其能耗強度總體偏低，而第二產業比重較大的省份，如青海、內蒙古、寧夏、山西等，其能耗強度總體偏高。從圖5-4中我們還可以看到，一些第二產業占比相當大的省份，其能耗強度也存在較大的差異，這可能與工業內部高耗能行業的占比有關。如果工業內部重型化的特徵明顯，則能耗會較高，反之，則會低一些。這也說明了能耗強度受工業內部的行業結構影響較大的事實。

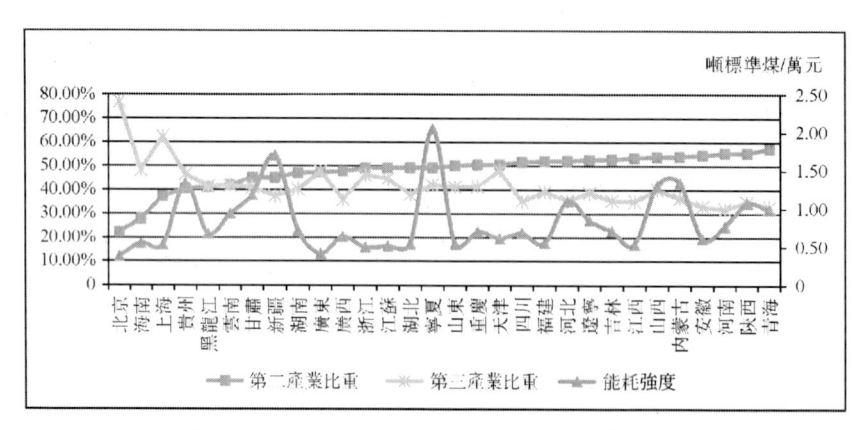

图 5-4　2013 年各省份產業結構與能耗強度關係

數據來源：國家統計局官網和各省份統計局官網。

　　事實上，將不同區域之間的能耗強度進行對比是不合理的。我們從空間的維度上來考量能耗強度所反應的投入產出關係，很容易看出，能耗強度無法準確反應出不同區域之間投入產出的實際關係，因為每個區域的能源消耗不僅作用於本地區的地區生產總值，而且對其他地區的地區生產總值也有貢獻，而區域的能耗強度值是沒有充分體現這種跨地域的地區生產總值貢獻的。因此，用這個能耗強度值去衡量一個地區的能源效率是不合理的。這樣會導致資源在全國的配置不合理，不利於對產業佈局的全國規劃。能耗強度在中國各區域之間存在巨大的差距，但這並非說明我們各區域之間真實的能源效率存在一樣的差距。區域經濟發展水準、技術水準等都會影響能耗強度的高低，但產業結構卻決定著能耗強度的最終水準，某個區域的工業行業結構是偏重或是偏輕、能源的密集程度如何通常是全國範圍內資源配置的結果，與該區域的資源稟賦、地域特徵及國家的產業佈局關係密切，所以，能耗強度指標在各區域之間的可比性不強。

　　我們已經知道，能耗強度受地區經濟發展水準和產業結構的影響十分顯著，各省份的能耗降幅與能耗水準之間是明顯的負相關關係，能耗高的區域降耗能力反而較低。如果將來中央對地方政府的考核仍然沿用「能耗強度」這一指標，且目標分解仍然採用平均分解的方式，那麼西部能耗高的地區要完成節能目標將會非常困難，在這樣的目標約束和政策環境下，這些地區要麼迫於形勢應付指標完成，要麼犧牲經濟增長完成約束指標。這會更加加劇東部、中部和西部的經濟分化程度。

5.2.3 不宜過分追求工業能耗短期內大幅度下降

儘管將能耗強度作為對地方政府的考核指標存在明顯的局限性，但是至少中國政府邁出了能源效率提升管控的步伐，且十年來能耗強度的持續下降也顯示出這種考核方式存在一定的效果。應當注意的是，當在某種範圍內將能耗強度作為總量調控的指標對能源實行趨勢管理時，能耗強度的下降並非越低越好。能耗強度變動具有自身的規律性，不宜在短期內過分追求能耗強度的大幅度下降。

第一，能耗強度並不具有短期內大幅下降的確定規律。縱觀歷史，大多數國家能耗強度的變動曲線在完成工業化的進程中表現為先上升後下降的倒 U 形趨勢，而少數國家如韓國等的能耗強度的變化曲線則表現為出現兩個以上峰值的倒 W 形趨勢。我們很容易理解能耗強度的倒 U 形曲線，因為工業化的過程實際上是資本累積和不斷城市化的過程，在工業化初期，高耗能產業的發展和大規模的基礎設施建設，使能源消費增長超過經濟增長，從而導致較高的能耗強度。而隨著資本原始累積的完成和基礎設施的逐步完善，高耗能產業比重下降，第三產業和高技術行業的比重逐漸上升，且由於技術水準的提高改善了單位能源的使用效率，能源消耗的增長會低於經濟增長的速度，從而帶來能耗強度的下降。產業結構的高級化是能耗強度降低的主要因素，而人均收入水準的提高以及由此帶來的需求結構的改變則是產業結構高級化的必要條件，沒有大幅度的經濟增長和人均收入水準的顯著提升，結構轉變就無法實現。

需要注意的是，大部分發達國家能耗強度的這種倒 U 形變化曲線是從長期趨勢來看的，短期來看卻並不具有這樣的規律。事實上，各國能耗強度的上升和下降都是在頻繁波動中前進的，且這種短期波動比較模糊，沒有明顯的規律性。也就是說，能耗強度在某個較短的階段裡，通常不存在嚴格的直線上升或者直線下降，即使在工業化即將完成的中後期，處於明顯下降趨勢的能耗強度，也有可能隨著經濟活動的不確定性出現階段性的上升或其他波動。由此可見，對於一個國家或者區域而言，能耗強度的高低並非取決於外生因素，而是內生地決定於該國或該區域所處的發展階段和經濟發展水準，能耗強度的變動趨勢則是經濟增長路徑和客觀經濟規律的體現。中國通過能耗強度指標對能源消耗進行的宏觀調控，不能超越能耗指標變動的經濟規律，特別是在短期內不考慮階段特徵和區域特徵，設定一個能耗強度下降的硬指標並要求各個省份的經濟活動都必須服從於這一指標的做法，值得商榷。「十一五」期末和「十二

五」期初，一些地方為了完成規劃期內的節能任務，不惜採用拉閘限電的極端方式，給正常的生產和生活帶來影響。因此，在目標制定方面，我們應該避免制定短期內硬性約束指標，在制定長期目標時，也應充分考慮短期波動的可能。從目前來看，「十一五」和「十二五」的節能目標都已圓滿完成，也就是說，中國的能源強度在十年內出現大幅度的單調直線下降，在下一個五年計劃中，我們的能耗強度還會繼續直線下降的可能性有多大？對此，我們應有足夠的心理預期來應對能耗強度的階段性波動。如果地方政府為了完成節能約束目標，採取嚴厲的行政手段強行熨平可能出現的波動，那麼在將來我們會付出更大的代價。

第二，過分追求短期內能耗強度下降不符合中國長期發展的戰略。中國的人均資本存量目前還處於較低水準，只有美國的十幾分之一，而且，內部區域、城鄉之間的差距也很大，資本原始累積的道路還很長，大規模的投資階段難以在短時間內逾越，而這個階段通常是以能源密集為特徵。我們知道，資本原始累積中的能源消耗只有部分是被當代人所享用的，大部分將貢獻給未來的國內生產總值，也就是說，當下能耗強度較高的現實是未來低能耗強度的基礎。當我們的資本原始累積完成，產業結構演進到高級階段時，能耗強度會自然隨之下降，而且後發優勢會讓我們的能耗強度比同階段的發達國家更低。這裡涉及兩種路徑選擇的問題：一種路徑是，能耗強度較為緩慢地下降，而資本累積的速度加快，在確保較高投資有效性的情況下，以較快的速度完成資本原始累積，最終實現能耗強度的大幅度下降，較快達到發達國家水準。另一種路徑是，能耗強度在短期內大幅度直線下降，而資本累積的速度將因此放緩，能耗強度的下降也會隨之減慢，最終達到發達國家能耗強度水準的時間將被延緩，中國的工業化進程也將被拉長。

從長期來看，全球的能源和材料趨緊、價格上漲的總體趨勢不會變，任何延緩資本原始累積的做法，都會導致工業化成本的增加。目前已經有近50億人口的發展中國家陸續進入工業化發展階段，在這緊要的歷史時期，趁著發達國家還未完全從經濟危機中復甦、大部分發展中國家還未邁入經濟發展快速期、能源和原材料的價格上漲幅度還有空間，中國應該盡力保持資本快速累積的良好態勢，讓能源密集的固定資產投資和基礎設施建設適度超前，這對中國的長期發展戰略有著十分重要的意義。而且，中國勞動力資源豐富的優勢正在失去，抓住最後的人口紅利階段，加快推進工業化進程十分必要。一旦失去機會，後果將無法估計。

5.2.4　當前節能約束路徑缺乏可持續性

如前所述，中國當前形成的節能約束路徑，是在多方利益主體的博弈和交融中找尋到的一條既能維護各方利益又不觸及原有經濟增長路徑和結構變化的行政管制路徑。但也正是對產業結構調整以及工業內部行業結構的調整的迴避，以及對加快技術進步作用的忽視，使得造成高能耗水準的深層次原因沒有得到解決，體制性、結構性矛盾仍將繼續阻礙能耗水準的降低。而當前以規模調整為主的路徑在將來還能在多大程度上發揮作用呢？

應當看到的是，在當前的節能約束路徑中，政府將管控的重點放在關停並轉高耗能企業、大中型企業的技術改造升級以及新增企業的規模准入限制等上，針對這些企業的稅收減免、財政資金補貼、貸款優惠、政策扶持等，事實上會造成產業鏈上下游企業間矛盾的進一步加劇，而且規模較大的高耗能企業通常為國有經濟主導，在升級改造的資金投入方面具有天然的優勢。在當前節能政策重點導向和規模效應提升的條件下，這可能會加固或者形成新的體制性壟斷，從而阻礙民營經濟的進入。這有點類似於礦難的治理，其本意是提高煤礦的安全開採和利用效率，但基於規模整合的路徑卻使得煤炭開採領域出現大規模的「國進民退」。更為重要的是，當前規模整合的路徑並沒有對高耗能行業形成有效的抑制作用，反而使其擴張了規模，提升了產出能力，並使其在國民經濟中的份額進一步增加。也就是說，雖然目前的能耗水準下降取得了明顯的效果，但是以規模整合為主的路徑，在總體上降低能耗的同時會使高耗能行業的比重增加，從而更加固化重工業化的特徵，這將大大削減未來總體能耗下降的空間，增加節能目標實現的難度。

正是政府節能約束的路徑更加偏重規模改善帶來的顯著能耗下降而忽視政策設計對結構改善的導向，使得產業結構調整和體制性矛盾對節能降耗的瓶頸作用愈發凸顯。因此，在金融危機爆發後的「十一五」期末和「十二五」期初，由於經濟刺激計劃帶來的大量的基礎設施建設，鋼鐵、水泥等高耗能產品需求大幅增加，部分省份的高耗能行業急遽膨脹，能耗強度不降反升。為了完成最後的節能約束指標，政府相關部門不惜採用拉閘限電等極端管控方式。誠然，通過政府的管控實現規模的改善和總體技術水準的提高的節能約束路徑是有其內在合理性的，它能夠在短期內實現能耗水準的下降，保證多方主體的利益並且不犧牲經濟增長。但是，到底還有多少企業可以被淘汰？行業規模的整合還有多大的空間？在經過兩輪規劃期的調整後，這必將在不遠的未來難以為

繼。也就是說，目前節能約束機制和路徑並不具有長效性，特別是在工業領域，當前的路徑甚至會激化原有的結構矛盾，在接下來的「十三五」規劃期，如果繼續這種節能模式和路徑，那麼當規模的整合達到一定峰值時，降低能耗和實現增長之間將演變為不可調和的對立關係。在這樣的現實倒逼下，政府有必要重新考慮節能經濟機制的設計和改善，合理地確立和分解節能考核目標，調整節能政策的組合方式和力度，改變機制路徑實施過程中的著力點，從而增強節能經濟機制的可持續性。

6 中國工業節能經濟機制的模型設計

　　經濟活動總是在一定的政策、制度、習俗、規則或者文化框架下開展的。有的經濟活動基於簡單的協議，有的則具有非常規範的構型，我們通常將後者稱為經濟機制。設計或運行經濟機制的過程包括設定目標方向、確定機制體系、設計政策力度等，這其中可能涉及信息的獲取和主體間的溝通等，這個溝通和獲取過程需要耗費人力和物力，也就是說，考慮機制設計所需要的制度安排以及運行和維持機制是需要現實成本的。經濟機制的要素包括經濟主體、經濟政策和經濟槓桿。在工業節能經濟機制設計的過程中，經濟主體涉及中央政府、地方政府和企業，經濟政策包括正向的激勵政策和負向的約束政策，經濟槓桿包括財政補貼、價格變化、稅收調節、節能量、排污權交易、節能融資等手段。近十多年來，國家在節能減排方面出抬了大量的節能政策和措施，因此本章並不著眼於具體的某項節能政策或某項經濟槓桿手段的研究，而是將研究的視角放在這三個要素的有機配合方面，特別是如何通過經濟槓桿的手段，以經濟政策為載體，引導地方政府和企業在滿足自身利益、顯示個人偏好的情況下，最大化地滿足目標函數，並且使整個機制的設計和運行在一個較優的成本區間。經濟機制設計問題的本身就是，在各種可行的機制（即在每個環境下，機制運行的結果都能滿足目標函數對應該環境而設定的結果）中尋找一個或多個機制，最小化向量描述的機制運行的現實成本。工業節能經濟機制設計和運行的資源成本主要包括：參與主體直接觀察到的經濟環境的水準；機制要求的信息溝通量；當地方政府或者企業採取策略性行為時，不能充分認識到特定目標而導致的損失；對違背博弈規則的個體行為採取強制措施的成本。本章在分析每一種經濟機制的時候，不僅考慮如何最優調動地方政府和企業的努力，而且對政府的機制成本進行分析。經濟機制設計的另一個重要問題是需要考慮

的經濟環境集以及在相應經濟環境集上定義的目標函數。因此，本章的研究在初步梳理工業節能經濟主體互動機制的基礎上，對節能激勵機制、監督機制和懲罰機制進行了刻畫，並對節能目標函數的確定進行了分析。

6.1 工業節能經濟主體互動關係特徵

6.1.1 工業節能涉及的主要主體

中國工業節能目標的實現和節能工作的開展既是政府推動的一系列有組織的活動，也是市場要素自身配置發展的結果，涉及政府、企業、科研單位、社會大眾等不同主體的利益。在工業節能工作推進過程中，必須考慮不同主體的利益特徵，根據不同的利益需求，實施有針對性的經濟激勵政策和約束措施。

在工業節能涉及的經濟主體中，工業企業作為微觀主體，在生產工業物質產品的同時，消耗大量的能源資源並產生一定的環境污染物，因此，企業是工業節能減排的主要行為主體，在工業節能目標的實現過程中，企業的生產管理方式、技術模式、價值追求、經營理念等都必須與之契合。理論上講，企業應當樹立綜合的價值追求理念，在追求自身利益的同時，兼顧社會公眾利益，將生態環境代價納入企業的成本核算內容中，在對生產過程的全程控制中，提高能源的利用效率，並減少環境污染物排放，從而實現經濟和環境的協調、可持續發展。當然，這是一種比較理想的企業運行狀態。現實的狀況是，在市場競爭的條件下，企業作為眾多經濟實體中的一個主體，不斷降低成本獲取更多的利潤從而在市場中保持足夠的競爭力是推動企業發展的主要因素。按照理性人的假設，如果某種投入無法帶來相應的收益，企業不會主動去支出。在工業節能的初期，如果政府不主動進行引導和調控，企業對能源節約和減少污染物排放所做的投入，會導致成本增加，從而削弱企業產品的價格競爭力，減少企業的最終利潤。當然，企業主動進行節能工作也會帶來一些無形的好處，如企業的社會公眾形象得以提升、節能技術得到改進、技術隊伍得到鍛煉等。在綜合權衡二者的得失後，企業會從中做出是否開展節能的選擇。如果政府在這個時候採取適當的經濟政策加以引導和激勵，企業就會傾向於將前面所提到的「無形的好處」轉化為現實中有形的收益，從而推動節能工作的開展，否則，企業是不會主動選擇節能的。

如前所述，從政府層面來看，由於工業節能領域存在市場失靈，單靠企業和市場機制，節能工作無法順利推進。根據世界銀行的調查結果，由於節能領

域存在外部性和信息不對稱，在節能工作初期，市場機制對節能工作的推動僅有20%的作用。工業節能的經濟特性決定了，政府是推動工業節能工作的主導和驅動力量，國外的經驗也表明，工業節能成效顯著的國家，大多是依靠政府強有力的法律保障以及與之配套的經濟激勵政策。政府作為全社會公共利益的代表，與只追求個體利益的企業不同，政府能夠從一個更整體和更長遠的角度，綜合考慮能源、經濟和環境發展，制定總體的國家發展戰略，並以此來引導和約束各主體的行為活動。因此，必須高度重視政府在工業節能中的主導作用，充分發揮各級政府的能力，中央和地方政府要在各自的層面，綜合考慮法律約束、行政管理和經濟激勵等方式，加強對工業節能的監督管理和引導協調，形成推動工業節能的良好政策環境。應當注意的是，工業節能領域的市場失靈需要政府進行市場干預，但這種干預只是必要條件而非充分條件。政府干預工業節能必須保證以下兩個效果：一是政府干預工業節能的效果要優於市場本身配置的結果；二是政府干預取得的收益要大於政府為此支出的成本。否則，政府的干預是無效的。

6.1.2 工業節能各主體之間的關係特徵

在工業節能工作中，一種明確或者暗含的契約關係存在於中央政府、地方政府和企業等經濟主體之間。工業節能工作的嚴肅性和公益性決定了各主體之間契約關係的本質是一種合作關係，不同的主體為了節能目標的實現而相互協作，但在合作的過程中彼此的目標、利益是有差異的，各自的效用函數是不一樣的，從而產生某種範圍內的行為方式和價值選擇的衝突。基於這樣的關係特徵，我們必須通過合理的經濟機制設計，來降低這種衝突帶來的不利風險和後果。

在工業節能工作中，主要的問題是如何避免參與主體的道德風險。中央政府的約束目標和激勵政策確定後，有兩種因素會影響最終的節能效果，其一是自然條件的影響，也就是外部風險因素，這種影響因素是不可控的，是客觀存在的。其二是參與主體的積極性，這是主觀可控的因素。這裡存在的問題是，儘管地方政府和企業的最終節能目標可以觀測到，但是他們的努力程度和自然條件變化對其產生的影響卻是無法衡量的，道德風險由此產生。例如，將目標的無法實現或者投入的增加歸因於自然條件的變化，或者以自然條件不可控為理由偷懶從而避免受到懲罰。道德風險的存在告訴我們，在經濟機制設計的過程中，既要考慮激勵政策的引導，也要設計適度的監督、懲罰機制，盡量減少道德風險帶來的負面影響。

在工業節能工作中，參與主體之間存在多任務、多目標和多層次的關係。無論是政府還是企業，從事的任務都不止一項，即使微觀主體僅從事某一項工作，也可能涉及不同的維度，而且政府之間還存在不同的層級，這種複雜的體系決定了工業節能各主體之間的多任務、多目標和多層次性。在經濟機制設計中，既要考慮對地方政府的激勵，也要考慮對企業的激勵；既要有技術研發方面的激勵，也要有行業結構調整的激勵；既要提高經濟效益，又要注意環境保護等。

6.2 工業節能激勵機制的設計

在經濟機制設計理論中，激勵相容是最為主要的內容之一。由於工業節能主體各自存在不同的利益，一個好的經濟機制能夠激勵每一個參與節能的主體，使節能主體在實現個人效用最大化的同時實現預期的節能社會目標能夠同時實現。工業節能經濟機制的主體涉及中央政府、地方政府、企業、科研機構等多個主體，中央政府追求的是能源、經濟和環境的總體協調發展（嚴格來說，地方政府因為受制於中央政府的多目標考核以及本地區的經濟發展狀況，有時候並非追求三者的協調發展，我們暫且將其歸類為最求自身效益最大化的其他主體這一類別，所以後面的章節中會專門分析中央政府對地方政府的監管和約束），而其他主體則更關注自身效益是否最大化。由於信息不對稱的存在以及彼此之間目標利益不一致，其他主體對自身節能信息掌握得較多，且不願意顯示個人隱私和偏好，在節能工作的開展過程中，容易產生道德風險。因此，中央政府必須設立一個經濟機制，引導或約束其他主體顯示個人偏好，從而設定一個基於各自偏好的恰當目標，激勵各主體在追求自身利益的情況下確保總體節能目標的達成。

6.2.1 激勵機制設計的基礎

工業節能經濟機制的設計包括經濟主體、經濟政策和經濟槓桿三個部分。不同於一般政策的制定，經濟機制的設計更關注目標、主體和政策之間的互動和約束，因此，把握好各主體的行為特徵，是設計工業節能經濟機制的基礎。

經濟機制設計有兩個基本的理論前提假設：一是假設經濟主體追求最大化的行為效用。無論外部約束條件如何變化，經濟主體都可能在這一原則的指導下不斷調整自身行為，從而縮小最後結果與預定目標之間的偏差。這個過程也

預示著，經濟主體追求最大化效用的原則，並不能保證最終結果能實現效用最大化，因為存在信息不完全，經濟主體只能在給定的約束情況下從自身偏好出發進行決策，而效用的實現程度，不僅取決於經濟主體所掌握的約束條件，更取決於約束條件下各經濟主體之間的行為博弈。二是信息不對稱情況下參與主體不願意顯示自己的私人偏好。在經濟活動中，一部分成員掌握的信息是另一部分成員不清楚的，前者通常處於更有利的地位。由於信息不對稱問題的存在，在現實生活中，信息占優勢的一方通常不願意顯示自己的私人偏好，從而從較多信息優勢的角度出發操縱政策結果，在政策執行過程中會出現偷懶、搭便車和機會主義等「道德敗壞」行為，而處於信息劣勢的一方則在決策中面臨「逆向選擇」，這兩種現象交織在一起，誤導市場信息，扭曲了市場配置資源的效果，導致市場失靈。因此，必須對經濟機制進行設計，防止信息不對稱條件下參與主體不願意顯示私人偏好帶來的市場失靈。

在工業節能工作中，中央政府和地方政府、企業之間在目標利益考慮和自身行為特徵方面存在差異，因此，三者之間必須進行經濟機制設計，通過激勵相容的約束目標和考核體系，實現總體目標的達成。第一，中央政府和地方政府、企業之間存在目標利益的衝突。從經濟學角度出發，三者在開展工業節能工作中，有各自的利益目標。中央政府作為人民群眾的代表，同樣具有經濟人的特徵，尋求民眾福利最大化是其行為和決策的出發點。中央政府是工業節能工作的主導者、調控者和經濟機制設計者，追求的是長遠發展的國民經濟效益和協調可持續的社會效益及生態效益。地方政府和企業作為工業節能的推動者、政策的實施者、技術的研發應用者、風險承擔者和利益分享者，追求的目標是在執行政策的情況下，實現自身效用最大化。地方政府和企業是否積極開展工業節能工作取決於經濟激勵機制所帶來的邊際成本和邊際收益之間的預期。顯然，優化的經濟機制可以通過激勵相容的政策設計引導各方主體積極開展工業節能工作。第二，三者之間存在信息不對稱，地方政府和企業在工業節能工作中佔有明顯的信息優勢，如地方政府更瞭解區域內工業企業的行業構成、企業技術狀況、節能管理水準等，企業更清楚自身的研發能力、節能投入、改造需求、節能潛力等，但中央政府在制定節能目標和激勵政策的時候，地方政府和企業並不願意顯示這些個人信息，而是希望通過機會主義行為獲取利益。例如，企業虛報節能改造投入，從而獲得更多的激勵優惠政策；地方政府誇大本省節能減排實際困難，從而要求降低節能考核目標；等等，都需要通過經濟機制的設計來進行約束和激勵。

6.2.2 激勵機制設計的要點

從經濟機制的基本分析中我們可以看出，機制設計的過程就是利用財政、稅收、價格、信貸等經濟手段，通過制定經濟激勵政策，引導參與節能的主體積極開展節能工作的過程。經濟手段是給定的，經濟激勵政策的方向也是既定的，現在的問題是如何提高經濟機制設計和運行的有效性，確保較高的效率，因此必須注意解決以下三個問題：一是經濟激勵政策的力度大小問題。中央政府制定的激勵政策如果力度偏小，則無法調動地方政府和企業的積極性，如果力度太大，就會增加政策成本，中央政府無法實現自身效用的最大化。因此，必須設計出合理的政策力度，既能有效調動參與主體的積極性，又不用支出太多的成本。二是激勵政策的著力點。工業節能包括技術研發、節能改造、產品生產及消費等不同的環節，激勵政策選擇哪一個環節作為著力點，對總體的節能效果有較大的影響。同樣的政策在不同環節上的節能效果不一樣，而且，由於各環節之間的相互滲透、影響，對某個環節的激勵力度大小也會影響參與主體在其他相關環節的努力程度。三是中央政府對地方政府、地方政府對企業的監督方式和監督強度的問題，也就是監督、懲罰機制的設計。工業節能的其他參與主體追求效用最大化的個人理性與中央政府追求社會福利最大化的集體理性之間存在衝突。由於信息不對稱的存在，中央政府無法掌握其他主體的真實努力情況，而其他主體出於自身利益考慮可能選擇機會主義行為，從而降低政策效果。因此，為了保證目標的達成，政府應該採取一定的監督、檢查方式獲取其他主體的真實情況，並採用一定的懲罰措施，約束其他主體可能存在的「不道德」行為。

(1) 工業節能經濟機制模型建立的基本假設

假設一：企業開展工業節能工作的努力程度與其產生的總體效益（包括經濟效益、環境效益和社會效益等）直接相關，並且努力程度 a 和總體效益 π 之間存在以下關係：$\pi = ia + \theta$，其中，a 表示企業的努力程度，根據企業對節能工作的各種內外資源投入來確定；i 表示 a 轉化為企業實際收益的轉換常數，由歷史經驗數據或節能專家的評價獲得；θ 表示不受政府和企業控制的外部自然條件，θ 作為外生隨機變量，服從均值為 0、方差為 σ^2 的正態分佈。因此，$E(\pi) = ia$，$Var(\pi) = \sigma^2$，也就是說，企業的產出或收益預期是由它的努力程度決定的，但這種努力程度不影響外部不確定性條件即產出的方差。

假設二：政府對節能減排的經濟激勵政策分為兩種：一種是直接激勵，如財政補貼、稅收減免等；另一種是間接激勵，如政府和企業共同投入並共同承

擔風險的節能改造、技術研發等。我們用 $s(\pi)$ 表示政府的激勵政策：$s(\pi) = a + \beta\pi$，式中，a 表示政府通過財稅政策的直接激勵；π 表示企業開展節能工作帶來的總體效益，包括節能產出利潤、換算的節能量、減排量等；β 是政府設計的間接激勵政策強度系數，表示企業分享的總體效益的比例，企業的總體效益 π 每增加一個單位，可以享受政府激勵政策帶來的 β 單位的激勵收益。

假設三：關於風險性質，我們對政府風險性質的假設是中性的，而企業的風險性質是規避的，那麼在 $s(\pi) = a + \beta\pi$ 中，$0 \leq \beta \leq 1$。顯然，當 $\beta = 0$ 時，企業無須承擔任何風險；當 $\beta = 1$ 時，企業需要承擔所有風險。

在這個假設的基礎上，我們進一步假設企業的效用函數特徵是絕對風險規避的，即 $u = -e^{-\rho\omega}$，其中，ρ 表示絕對風險規避量，ω 表示企業開展節能的實際貨幣投入量。

假設四：假設企業努力開展節能工作的成本 $c(a)$ 可以用等價的貨幣成本表示，可以進一步簡化為 $c(a) = \frac{1}{2}ba^2$，式中，$b > 0$ 表示成本係數，企業的努力 a 帶來的成本負效用隨著 b 值的增加而變大。

(2) 政府經濟激勵政策函數的設定

根據以上假設我們可以得出，政府激勵企業開展節能工作的機制設計基本形式為：$s(\pi) = a + \beta\pi$，其中 $\beta\pi$ 表示的是政府對企業開展節能工作帶來的總體效益的經濟激勵補償力度。但這個式子僅能表達對單一目標的激勵。開展節能的目標既包括經濟效益，也包括生態環境和社會效益等，因此，政府對節能工作的激勵也應該是多元的。為了更方便地分析，我們將政府設計的激勵目標分為兩個方面：一是企業自身的經濟利益目標，企業的經濟利益是政府稅收的來源，從這個意義上說，企業的經濟收益的增加也達成了政府自身的目標。二是企業開展節能工作帶來的長期生態環境效益目標。所以，我們在公式 $s(\pi) = a + \beta\pi$ 的基礎上進行了多目標的激勵政策拓展設計，表達式為：

$$S(\pi_1, \pi_2) = a + \beta_1\pi_1 + \beta_2\pi_2 \tag{6.1}$$

其中，π_1 表示企業開展節能工作的經濟收益，π_2 表示企業開展節能工作的生態環境收益。$\beta^T = (\beta_1 + \beta_2)$ 為政府經濟激勵政策的強度係數，β_1 是對經濟收益目標的激勵強度係數，β_2 是對生態環境效益目標的激勵強度係數。

同時，我們還應當看到，工業節能工作的開展是多環節和多維度的，經濟激勵政策的設計不能是籠統的激勵或者只針對局部某一個環節的激勵，而應當在確保節能目標實現的前提下，考慮不同環節的特徵及各環節之間互補或替代的關係，從而有針對性地設計政策的著力點和強度。因此，公式 $s(\pi) = a + \beta\pi$

可以進一步在多環節和多主體方向拓展為：

$$S(\pi_1, \pi_2, \cdots, \pi_n) = a + \beta_1 \pi_1 + \beta_2 \pi_2 + \cdots + \beta_n \pi_n = a + \beta^T \pi \quad (6.2)$$

式(6.2)中，$\beta^T = (\beta_1, \beta_2, \cdots, \beta_n)$ 表示政府對不同主體及不同環節的政策激勵強度係數，π_n 為工業節能第 n 個環節產生的總體效益。該公式充分考慮了激勵政策的資源如何在不同的主體和環節之間進行配置，從而提高了政策資源配置對目標達成的效率。

政府在設立經濟機制的過程中必須考慮自身的效用成本，在工業節能工作中，政府的效用成本是企業開展節能帶來的總體收益減去政府設計和執行激勵機制的成本之差，可以表示為：$v[\pi - s(\pi)]$，$s(\pi)$ 為政府的政策激勵成本，我們在前文中假設政府的風險性質是中性的，那麼政府的期望效用與期望收入相等，即：

$$E\{v[\pi - s(\pi)]\} = E(\pi - a - \beta\pi) = -a + (1-\beta)E(\pi) = -a + (1-\beta)ia \quad (6.3)$$

那麼企業的效用函數又如何確定？我們知道企業的努力程度取決於節能工作帶來的經濟收益水準，但由於工業節能具有外部性特徵，企業開展工業節能的收益會部分外溢，所以，政府對這種外溢的補償直接影響企業開展節能工作的積極性。假設企業的效用和政府補償的函數相等，則企業的效用函數可以表示為：$u[s(\pi)] - c(a)$，$c(a)$ 為企業開展節能工作產生的負效用投入成本。在激勵政策的支持下，企業實施節能工作的實際貨幣收益為：

$$\omega = s(\pi) - c(a) = a + \beta\pi - \frac{1}{2}ba^2 = a + \beta(ia + \theta) - \frac{1}{2}ba^2 \quad (6.4)$$

企業的期望效用為：

$$Eu = -E(e^{-\rho\omega}) = -e^{-\rho[E\omega - \frac{1}{2}\rho\mathrm{Var}(\omega)]} \quad (6.5)$$

這裡存在一個確定性等價收入（Certain Equivalence，簡稱 CE）的問題。CE 的定義為，如果 $u(x) = Eu(y)$，y 表示隨機收入，x 是 y 的確定性等價，因為企業從 x 中和從 y 中得到的期望效用等同，當風險性質為中性的時候，x 等於隨機收入 y 的均值，而當風險性質為規避的時候，x 等於隨機收入 y 的均值減去努力的風險成本。因為 $Eu = u(CE)$，所以企業的確定性等價收入為：

$$CE = E(\omega) - \frac{1}{2}\rho\beta^2\sigma^2 = a + i\beta a - \frac{1}{2}\rho\beta^2\sigma^2 - \frac{1}{2}ba^2 \quad (6.6)$$

式(6.6)中，$E(\omega)$ 為企業的期望收益，$\frac{1}{2}\rho\beta^2\sigma^2$ 為企業的風險成本，當 $\beta = 0$ 時，企業不存在風險成本，企業的期望效用 $Eu = -E(e^{-\rho\omega})$ 與確定性等價

收入等同。

我們用 $\bar{\omega}$ 表示企業的保留收入水準，如果確定性等價收入 $CE < \bar{\omega}$，則企業將不理會政府的經濟激勵政策，因此，企業參與節能的激勵約束為：$\alpha + i\beta a - \frac{1}{2}\rho\beta^2\sigma^2 - \frac{1}{2}ba^2 \geq \bar{\omega}$。也就是說，政府的激勵政策強度所帶來的確定性等價收入必須大於企業的保留收入水準，這樣才能激勵企業積極開展節能工作。

6.2.3 激勵政策力度組合的模型設計

工業節能經濟機制設計的過程中要注意通過激勵政策引導各參與主體共同承擔風險，減少信息不對稱產生的影響，並且兼顧最終收益與付出成本之間的均衡。在前文假設的基礎上，我們可以將工業節能政策激勵方式和激勵力度的模型構建如下：

$$\max_{\alpha(\pi)} EV = -\alpha + (1-\beta)ia \tag{6.7}$$

$$\text{s.t. (IR)} \quad \alpha + i\beta a - \frac{1}{2}\rho\beta^2\sigma^2 - \frac{1}{2}ba^2 \geq \bar{\omega} \tag{6.8}$$

$$\text{(IC)} \quad \alpha + i\beta a - \frac{1}{2}\rho\beta^2\sigma^2 - \frac{1}{2}ba^2 \geq \alpha + i\beta a' - \frac{1}{2}\rho\beta^2\sigma^2 - \frac{1}{2}ba'^2 \quad \forall a' \in A \tag{6.9}$$

其中，式（6.7）是政府的目標函數，式（6.8）是企業參與的約束條件，表示企業從政府獲得的收益不能低於企業保留收入水準 $\bar{\omega}$，式（6.9）則是政府與企業之間激勵相容的條件，意味著政府如果希望企業達到所設計的 a 努力程度，那麼政策激勵的力度就必須達到企業選擇 a 努力程度取得的收益大於 a' 的收益。

如果政府與企業之間不存在信息不對稱，政府對企業開展節能工作的努力程度是完全掌握的，那麼政府會採取直接激勵的方式，根據企業的努力程度不斷調整政策的力度大小，從而確保政策效用的最大化，而企業也不會承擔任何風險，因為政府的激勵政策帶給企業的收益，剛好等於企業努力成本投入與保留收入水準 $\bar{\omega}$ 的總和，這個時候激勵相容的約束條件 IC 是沒有作用的。但在現實生活中，由於信息不對稱的存在且企業不願意顯示個人信息，這樣的均衡很難達到，因此，我們主要分析在企業的努力程度不可觀察的情況下，經濟激勵政策的力度該如何設計。

在現實生活中，政府通常很難掌握企業開展工業節能工作的努力程度，在這樣的情況下，就無法實現帕累托最優。如果政府僅僅考核最後結果的指標，

則可能存在過程中的道德風險問題，導致總體目標無法完成。因此，在無法觀察到企業努力程度 a 的情況下，政府激勵政策的力度和方向的設計就顯得尤為重要。

(1) 最優的激勵政策模型分析

當政府無法觀察到企業的努力程度 a 時，就必須通過激勵相容的約束條件 IC 發揮引導作用，因為企業總是按照自己效用最大化的原則選擇行動的，政府不可能強迫企業選擇某種行動，只能通過激勵政策誘使企業按照它所設計的方向選擇行動。因此，必須設計出企業同時滿足參與約束和激勵相容兩個條件的政策激勵力度，即 $a = \dfrac{i\beta}{b}$。政府設計的激勵政策適合 (α, β) 和 a 可以表達為：

$$\max_{\alpha,\beta,a} E\{v[\pi - s(\pi)]\} = -\alpha + i(1-\beta)a \tag{6.10}$$

$$s.t. \ (IR) \ \alpha + i\beta a - \frac{1}{2}\rho\beta^2\sigma^2 - \frac{1}{2}ba^2 \geq \overline{\omega} \tag{6.11}$$

$$(IC) \quad a = \frac{i\beta}{b} \tag{6.12}$$

將式(6.11)和式(6.12)代入式(6.10)，可得：

$$\max_{\beta} \left(\frac{i^2\beta}{b} - \frac{1}{2}\rho\beta^2\sigma^2 - \frac{i^2\beta^2}{2b} - \overline{\omega} \right)$$

求解一階條件得：

$$\beta = \frac{i^2}{i^2 + b\rho\sigma^2} > 0 \tag{6.13}$$

從式(6.13)中我們可以得出，當企業的努力程度無法觀察到的時候，政府不宜採用直接的經濟激勵，而應採取間接的政策激勵方式。式(6.7)中企業獲得激勵政策的收益比率 β 是 ρ、σ^2 和 b 的遞減函數，意味著隨著企業風險規避程度的增強、收益方差的變大，企業越是不願意選擇努力開展節能工作，那麼企業由此承擔的相應風險會減小，而政府的經濟激勵政策強度就會相應減弱。如果企業的風險性質是中性的，當 $\rho = 0$ 的時候，則 $\beta = 1$，此時的風險成本完全由企業承擔。

模型的分析結果告訴我們，在信息不對稱且企業不願意顯示個人信息的情況下，政府在設計經濟機制的時候，應當採用間接的經濟激勵政策，讓企業和政府一起分擔節能投入的風險成本。

(2) 政府的激勵機制成本分析

對於中央政府來說，存在兩個方面的經濟機制成本：一方面是開展工業節

能工作風險共擔機制的帕累托最優分擔無法達到而出現的風險成本,用 ΔRC 來表示。另一方面是努力程度不夠導致的期望產出的淨損失和與努力成本淨節約之間的差值,我們把這部分稱作激勵成本,用 $\Delta E(\pi) - \Delta C$ 來表示。由式 (6.13) 可知,風險成本表達如下:

$$\Delta RC = \frac{1}{2}\rho\beta^2\sigma^2 = \frac{\rho i^4 \sigma^2}{2(i^2 + b\rho\sigma^2)^2} > 0 \tag{6.14}$$

在信息對稱的條件下,企業的努力程度可以觀察到,用 a^* 表示企業的最優努力程度,即 $a^* = \frac{i}{b}$。而在信息不對稱的條件下,企業的努力程度無法觀察到,政府需採取政策誘使企業選擇最優努力程度:

$$a = \frac{i\beta}{b} = \frac{i}{b} \times \frac{i^2}{i^2 + b\rho\sigma^2} < \frac{i}{b} \tag{6.15}$$

對二者進行對比會發現,後者的最優努力水準小於前者,因為預期的收益 $E(\pi) = ia$,則預期收益的淨損失為:

$$\Delta E(\pi) = \Delta ia = i(\dot{a} - a) = \frac{i^2}{b} - \frac{i^4}{b(i^2 + b\rho\sigma^2)} = \frac{i^2\rho\sigma^2}{i^2 + b\rho\sigma^2} \tag{6.16}$$

企業努力成本的淨節約為:

$$\Delta C = c(\dot{a}) - c(a) = \frac{i^2}{b} - \frac{i^6}{2b(i^2 + b\rho\sigma^2)^2} = \frac{2\rho i^4\sigma^2 + b\rho^2 i^2\sigma^4}{2(i^2 + b\rho\sigma^2)^2} \tag{6.17}$$

激勵成本為:

$$IC = \Delta E(\pi) - \Delta C = \frac{b\rho^2 i^2 \sigma^4}{2(i^2 + b\rho\sigma^2)^2} > 0 \tag{6.18}$$

政府的機制總成本為:

$$AC = \Delta RC + (\Delta E(\pi) - \Delta C) = \frac{\rho i^2 \sigma^2}{2(i^2 + b\rho\sigma^2)} > 0 \tag{6.19}$$

$\frac{\partial AC}{\partial \rho} > 0$,表示企業越是規避風險,隨著 ρ 的增加,激勵政策的成本就越高;$\frac{\partial AC}{\partial \sigma^2} > 0$,表示外在因素不確定性越大,激勵政策的成本越高;$\frac{\partial AC}{\partial b} < 0$,表示企業努力程度越高,政策激勵的成本就越低。模型給我們的啟示在於,第一,不同的工業節能發展階段,應採用力度不同的經濟激勵政策。在工業節能初期,由於技術、政策、環境等外在因素的不可控程度較高,存在較大的風險性,企業規避風險的傾向比較明顯,這個時候應加大激勵政策力度,誘使企業積極選擇實施節能。在工業節能的中後期,隨著節能投入風險的降低以及外在

技術環境等水準的確定性增加，應該適當降低政策的激勵力度，通過市場發揮推動工業節能的作用。第二，激勵政策從基本作用上看是具有引導性質的，如徵收能源稅，其目的在於對節能形成積極的引導；也有補貼性質的，如財政補貼投資、補貼生產者等，目的在於確保節能項目能夠順利開展和推廣。不同的作用方向，激勵力度也應有所差異。從經濟學理論的角度來看，最優的節能激勵機制力度應該是工業節能邊際社會收益與邊際個體收益的差額，一般來講，25%~30%的激勵力度比較合適，它可以有效帶動2~3倍的社會投資。

6.2.4 降低外部不確定性的激勵模型設計

經濟機制運行的成本降低了政府的期望收益，為了提高工業節能經濟機制的效率，政府必須努力尋找與企業努力程度相關的信息，從而根據信息調整激勵的力度，降低成本。我們知道，不利的外部條件和企業自身不努力都可能導致節能效果的降低。那麼如何界定節能效果降低的原因呢？我們可以引入一些同類型的企業作為對照參考，如果其他企業處於類似環境時的能源利用效率也處於較低水準，那麼該企業的低效果可能主要來自外部環境，反之，則該企業的低效果很可能是自身努力程度不夠造成的。由此看來，如果將同類企業的能效指標引入激勵政策的模型中進行業績對比，就可以在一定程度上減少一些外部不確定因素帶來的影響。這也就是在模型中引入兩個可觀察變量的條件下，如何設計最優成本的經濟機制的問題。

（1）引入可對照變量的最優模型分析

假設 π_1 為另一個同類型企業開展節能工作的成效，與享受了激勵政策的企業（這裡稱為該企業）的努力程度 a 之間不存在關聯，但與外部條件變量 θ 相關，從而與享受了政策的該企業的 π 相關。假定 π_1 也服從均值為0、方差為 σ_1^2 的正態分佈，那麼政府應該設計的激勵機制為：

$$s(\pi, \pi_1) = a + \beta(\pi + \gamma \pi_1) \qquad (6.20)$$

β 表示政策激勵的強度，也就是該企業的收益隨著 π 和 π_1 之間的關係而變化的程度。γ 表示該企業的收益與 π_1 之間的關係係數，政府的責任就是設計合適的 a、β 和 γ，從而保證最優的經濟機制效率。

由式（6.20），得出該企業確定性等價收入為：

$$CE = E(\omega) - \frac{1}{2}\rho\beta^2 \text{Var}(\pi + \gamma\pi_1)$$

$$= \alpha + i\beta a - \frac{1}{2}\rho\beta^2(\sigma^2 + \gamma^2\sigma_1^2 + 2\gamma\text{Cov}(\pi, \pi_1)) - \frac{1}{2}ba^2 \qquad (6.21)$$

$\mathrm{Cov}(\pi_1, \pi_2)$ 是 π 和 π_1 的協方差，企業選擇為 a 的努力水準，其最大化一階條件為：$a = \dfrac{i\beta}{b}$，因為 π_1 與 a 不存在關聯，且 γ 也不影響 a 的水準，因此該企業的 a 與前面保持不變，則政府的預期效益為：

$$E(\pi - a - \beta(\pi + \gamma \pi_1)) = a + (1 - \beta)a \tag{6.22}$$

由於 $E(\pi_1) = 0$，式（6.22）須同時滿足參與約束和激勵相容兩個條件的政策激勵力度，即將 $a = \dfrac{i\beta}{b}$ 代入式（6.22），則政府的最優模型為：

$$\max_{\beta, \gamma} \frac{i^2\beta}{b} - \frac{1}{2}\rho\beta^2(\sigma^2 + \gamma^2\sigma_1^2 + 2\gamma\mathrm{Cov}(\pi, \pi_1)) - \frac{1}{2b}i^2\beta^2 - \bar{\omega} \tag{6.23}$$

由於 π_1 與預期收益無關，政府只是為了使風險成本最小化而選擇 γ，因此，上述問題的兩個一階條件為：

$$\frac{i^2}{b} - \rho\beta(\sigma^2 + \gamma^2\sigma_1^2 + 2\gamma\mathrm{Cov}(\pi, \pi_1)) - \frac{1}{b}i^2\beta = 0 \tag{6.24}$$

$$\gamma\sigma_1^2 + \mathrm{Cov}(\pi, \pi_1) = 0 \tag{6.25}$$

求解兩個最優條件得：

$$\beta = \frac{i^2}{i^2 + \rho b(\sigma^2 - \mathrm{Cov}^2(\pi, \pi_1)/\sigma_1^2)} \tag{6.26}$$

$$\gamma = -\frac{\mathrm{Cov}(\pi, \pi_1)}{\sigma_1^2} \tag{6.27}$$

在式（6.26）中，由於 $\sigma^2\sigma_1^2 > \mathrm{Cov}^2(\pi, \pi_1)$，所以 $0 < \beta < 1$。

如果 π 與 π_1 不相關，則政府設計出的經濟激勵機制並不比之前更有效。如果 π 與 π_1 正相關，則 $\mathrm{Cov}(\pi, \pi_1) > 0$，同時 $\gamma = \dfrac{\mathrm{Cov}(\pi, \pi_1)}{\sigma_1^2} < 0$。此時，如果 $\pi_1 > 0$，就表示外部自然條件較好，那麼企業的 π 來自於較好環境的可能性比企業付出努力的可能性要大，此時無法判斷企業是否做出了努力；如果 $\pi_1 < 0$，則意味著該企業的 π 來自努力程度的可能性比較大。如果 π 與 π_1 負相關，則 $\mathrm{Cov}(\pi, \pi_1) < 0$，同時 $\gamma = \dfrac{\mathrm{Cov}(\pi, \pi_1)}{\sigma_1^2} > 0$，此時，如果 $\pi_1 > 0$，就表示外部自然條件較差；反之，如果 $\pi_1 < 0$，就表示外部自然條件較好。從這個模型中我們得到的啟示是，為了防止經濟激勵機制運行過程中參與主體的道德風險，可以在設計激勵政策時引入可參照的變量，從而降低外部環境不確定性的因素帶來的消極影響。如果外部環境不利於企業開展節能工作，應當增加激勵政策的強度；反之，如果外部環境較好，則應降低激勵政策的強度。

（2）引入可參照變量的政府經濟機制成本分析

當 $\text{Cov}(\pi, \pi_1) \neq 0$ 的時候，政府將 π_1 引入經濟機制中，這樣不僅可以提高企業剩餘份額的分享，還可以減少企業的風險成本：

$$\begin{aligned}\text{Var}(s(\pi,\pi_1)) &= \beta^2(\sigma^2 + \gamma^2\sigma_1^2 + 2\gamma\text{Cov}(\pi,\pi_1)) \\ &= \frac{i^4(\sigma^2 - \text{Cov}^2(\pi,\pi_1)/\sigma_1^2)}{[i^2 + b\rho(\sigma^2 - \text{Cov}^2(\pi,\pi_1)/\sigma_1^2)]^2} \\ &< \frac{i^4\sigma^2}{(i^2 + b\rho\sigma^2)^2} = \text{Var}(s(\pi)) \end{aligned} \quad (6.28)$$

企業承擔的風險隨著可觀測參照變量 π_1 的引入而變小，風險成本變為：

$$\Delta RC_1 = \frac{1}{2}\rho\text{Var}(s(\pi,\pi_1)) = \frac{i^4\rho(\sigma^2 - \text{Cov}^2(\pi,\pi_1)/\sigma_1^2)}{2(i^2 + b\rho(\sigma^2 - \text{Cov}^2(\pi,\pi_1)/\sigma_1^2))^2} \quad (6.29)$$

預期收益的淨損失為：

$$\Delta E(\pi_1) = \Delta ia = \frac{i^2}{b} - \frac{i^2\beta}{b} = \frac{i^2\rho(\sigma^2 - \text{Cov}^2(\pi,\pi_1)/\sigma_1^2)}{i^2 + b\rho(\sigma^2 - \text{Cov}^2(\pi,\pi_1)/\sigma_1^2)^2} \quad (6.30)$$

努力成本的淨節約為：

$$\begin{aligned}\Delta C_1 &= c(a') - c(a) \\ &= \frac{i^2}{2b} - \frac{i^2\beta^2}{2b} \\ &= \frac{2i^4\rho(\sigma^2 - \text{Cov}^2(\pi,\pi_1)/\sigma_1^2) + b\rho^2(\sigma^2 - \text{Cov}^2(\pi,\pi_1)/\sigma_1^2)^2}{2[i^2 + b\rho(\sigma^2 - \text{Cov}^2(\pi,\pi_1)/\sigma_1^2)]^2}\end{aligned} \quad (6.31)$$

因此，總激勵成本為：

$$IC_1 = \Delta E(\pi_1) - \Delta C_1 = \frac{bi^2\rho^2(\sigma^2 - \text{Cov}^2(\pi,\pi_1)/\sigma_1^2)^2}{2[i^2 + b\rho(\sigma^2 - \text{Cov}^2(\pi,\pi_1)/\sigma_1^2)]^2} \quad (6.32)$$

政府機制總成本為：

$$AC_1 = \Delta RC_1 + (\Delta E(\pi_1) - \Delta C_1) = \frac{i^2\rho(\sigma^2 - \text{Cov}^2(\pi,\pi_1)/\sigma_1^2)}{2[i^2 + b\rho(\sigma^2 - \text{Cov}^2(\pi,\pi_1)/\sigma_1^2)]} \quad (6.33)$$

將引入可參照變量 π_1 的模型與只依賴 π 的模型進行對比，可以發現 $\Delta RC_1 \leq \Delta RC$，$IC_1 \leq IC$，$AC_1 \leq AC$，只有在 $\text{Cov}(\pi, \pi_1) = 0$ 時，上面的比較才會是等式。這個模型告訴我們，在設計經濟機制的時候，引入可以觀察到的參照變量不僅可以提高原有企業的剩餘份額，減少企業的風險成本，還可以降低政府的成本，並提高經濟機制的效率。當然，這裡有一個前提條件，即引入的可

參照變量的支出成本必須小於原有企業因道德風險導致的效率損失成本。

6.2.5 多環節多主體的激勵模型設計

在前面的模型中，我們只對追求經濟效益的目標情況進行了分析，並且是在單一行為主體的假設條件下進行的分析，而事實上工業節能工作的目標不僅僅是經濟效益，還包括生態環境效益和社會效益等，行為主體也涉及多個，且處於工業節能工作的各個環節。因此，經濟機制設計應該考慮這種多因素的實際情況，在設計激勵政策時，注意不同主體間的差別、聯繫、制約，使激勵資源在不同的主體和環節之間發揮最大的配置激勵效果。在前文最優激勵模型和政府機制成本模型的基礎上，對多目標、多環節和多主體的情況進行了模型分析，因篇幅原因，這裡不再詳述模型分析過程，僅將結果總結如下：

在多目標的模型中，企業在追求經濟效益的同時也追求生態環境效益，因為這兩種目標的不確定性程度是有差異的，政府在設計經濟機制時，對企業選擇可能性較高且達成度較高的目標，如經濟效益，應當採用與節能最終結果掛勾的間接激勵政策，而對生態環境的長期效益等選擇度較低且不確定性程度較高的目標，應當採用直接激勵的方式，這樣有利於調動企業努力的積極性。如果企業開展的節能工作中經濟效益目標和環境生態效益目標存在關聯性，那麼政府在設計經濟機制的時候，就應該考慮根據這兩類目標的關係是競爭的還是互補的，從而確定激勵強度。如果二者的關係是互補的，那麼政府花在這兩個目標上的激勵成本也具有互補性，這意味著激勵任何一項目標都會帶動另一項目標的努力程度；如果二者之間是替代關係，那麼政府就應當增強對環境保護長期效益的激勵強度，減弱對短期經濟效益的激勵強度。

在多環節的模型中，當技術研發和生產、消費等市場化環節的積極成本彼此獨立的時候，政府應當採取對各個環節分別激勵的方式，因為對任何一個環節的激勵都不會影響其他環節的努力程度。但是，如果這幾個環節之間存在企業努力程度的關聯關係，那麼政府在設計經濟機制的時候，就需要根據關係的性質確定激勵機制的著力點。例如，如果技術研發與市場化存在互補關係，則激勵其中任意一個環節都會帶動另一個環節的努力水準；而如果二者之間是替代關係，則激勵任意一個環節都會帶來另一個環節努力水準的減少；如果二者之間的成本是完全替代關係，那麼政府採取直接的激勵政策會比採取按照比率的間接激勵政策效果更好。

6.3 工業節能監督及懲罰機制的設計

政府在設計經濟機制的過程中,無論是目標的確定、政策的選擇還是機制運行過程中對進度情況的掌握,都需要足夠的信息,而這些信息由於不對稱情況的存在以及參與主體不願意顯示個人偏好,導致政府獲取的信息量十分有限,這可能會影響目標制定的科學性、政策激勵力度的錯位或者企業選擇道德敗壞的行為。在經濟機制確定之後,為了保證激勵政策的效果不受損,避免參與主體偷懶或者選擇機會主義的手段,政府就必須通過監督檢查的方式適時瞭解參與主體的努力信息,但這種監督檢查是需要付出成本的,監督檢查的方式和頻率都會影響最後的經濟機制總體收益。

激勵機制和監督檢查機制作為對企業的正向引導,必須輔之以懲罰機制對企業進行負向的約束,如果沒有懲罰機制或者懲罰力度不合適,則政府節能政策的權威性和有效性會減弱。因為正向的激勵固然能夠在一定程度上引導企業選擇開展節能活動,但仍然會有企業可能選擇不遵守政策規則。這個時候就需要採用懲罰機制,對激勵機制和監督機制形成有效的補充,通過給予企業某種程度的威脅,確保政策的執行效果。懲罰的手段形式多樣,通常財政威脅較為有效,特別是違約金、罰款等的應用比較廣泛。在工業節能工作開展的過程中,政府和企業是最為重要的兩個主體,上級政府和下級政府之間、政府和企業之間如何達到各自的均衡,本章通過建立三者間的博弈模型,探求三者在工業節能過程中博弈的規律,從而為工業節能懲罰機制尋找合理的出發點。

6.3.1 監督檢查機制模型設計

在不對稱信息的條件下,政府對企業的努力程度往往不易觀測到,但對自然條件的信息情況卻比較容易瞭解到,因此,政府可以通過對自然條件 θ 進行觀測,從而瞭解企業對節能工作的努力程度。我們假設 θ 服從 $N(\mu, \gamma^2)$ 的正態分佈,相關定義如下:

η 代表對自然條件的觀測強度,成本為 $M(\eta)$,$X(\eta)$ 表示進行強度為 η 的觀測後的期望值,$Y(\eta)$ 表示期望方差。因此,π 的期望值及期望方差為:

$$E(\pi) = ia + E(\theta) = ia + X(\eta), \quad Var(\pi) = Y(\eta) \tag{6.34}$$

政府的期望效用函數為:

$$E(V) = E(\pi - s(\pi) - M(\eta)) = E[(1-\beta)(ia+\theta) - a - M(\eta)]$$
$$= (1-\beta)(ia + X(\eta)) - a - M(\eta) \quad (6.35)$$

企業的期望效用函數為：

$$E(U) = E(s(\pi)) - c(a) - \frac{1}{2}\rho \text{Var}(s(\pi)) = a + \beta(ia + X(\eta)) - \frac{1}{2}ba^2 - \frac{1}{2}\rho\beta^2 Y(\eta) \quad (6.36)$$

因此，政府的監控檢查模型如下：

$$\max_{a,\beta,\eta} E(V) = (1-\beta)(ia + X(\eta)) - a - M(\eta) \quad (6.37)$$

$$\text{s.t. (IR)} \quad a + \beta(ia + X(\eta)) - \frac{1}{2}ba^2 - \frac{1}{2}\rho\beta^2 Y(\eta) \geq \bar{\omega} \quad (6.38)$$

$$\text{(IC)} \quad a \in \arg\max \left[a + \beta(ia + X(\eta)) - \frac{1}{2}ba^2 - \frac{1}{2}\rho\beta^2 Y(\eta) \right] \quad (6.39)$$

如前文所述，將一階條件 $a = \dfrac{i\beta}{b}$ 代入上述的監控模型可以得到：

$$\max_{a,\beta,\eta} E(V) = (1-\beta)(ia + X(\eta)) - a - M(\eta) \quad (6.40)$$

$$\text{s.t. (IR)} \quad a + \beta(ia + X(\eta)) - \frac{1}{2}ba^2 - \frac{1}{2}\rho\beta^2 Y(\eta) \geq \bar{\omega} \quad (6.41)$$

$$\text{(IC)} \quad a = \frac{i\beta}{b} \quad (6.42)$$

求解可得：

$$\beta = \frac{i^2}{i^2 + b\rho Y(\eta)} \quad (6.43)$$

$$a = \frac{i^3}{i^2 b + b^2 \rho Y(\eta)} \quad (6.44)$$

由以上結果可以看出，機制激勵的最優強度和企業最優的努力程度都是政府監督檢查力度和頻率的函數。對式（6.43）中關於 η 的偏導數進行求解可得：

$$\frac{\partial \beta}{\partial \eta} = \frac{i^2 b\rho\sigma^2\gamma^4(1-\eta^2)}{[i^2 + b\rho Y(\eta)]^2 [\eta + \sigma^2\gamma^2(1-\eta)^2]^2} \geq 0 \quad (6.45)$$

式（6.45）的結果告訴我們，隨著政府監督檢查力度的加大，企業開展節能工作的透明度得到提升，也就是說，在企業努力透明度較小的情況下，政府的激勵力度必須較大，且監督檢查的頻率必須提高，這樣才能使企業節能的努力水準最接近帕累托最優值。

接著對式（6.44）中關於 η 的偏導數進行求解：

$$\frac{\partial a}{\partial \eta} = \frac{i^3 b\rho\sigma^2\gamma^4(1-\eta^2)}{[i^2+b\rho Y(\eta)]^2[\eta+\sigma^2\gamma^2(1-\eta)^2]^2} \geq 0 \quad (6.46)$$

式（6.46）的結果說明，隨著政府監督檢查力度的加大，企業擁有的不對稱信息優勢在逐漸減少，而企業的努力程度則隨之而增加，從而降低了政府激勵機制投入的風險。而且，隨著政府激勵力度的增加，企業開展節能工作的意願更強，也更願意提高自身的努力水準。

接下來分析政府對外在自然狀態進行觀測和不觀測兩種情況，以及企業對節能工作的期望收益有何不同。

當政府不觀測自然狀態時，$\theta=0$，則企業的期望成果表示為：

$$E(\pi_0) = \frac{i^4}{i^2 b + b^2\rho\gamma^2} + \mu \quad (6.47)$$

當政府觀測自然狀態時，$\theta \neq 0$，則企業的期望成果表示為：

$$E(\pi) = \frac{i^4}{i^2 b + b^2\rho Y(\eta)} + \frac{\mu(1-\eta)^2\sigma^2 + \eta L\gamma^2}{\eta^2\gamma^2 + (1-\eta)^2\sigma^2} \quad (6.48)$$

比較 $E(\pi)$ 和 $E(\pi_0)$：

$$\Delta E(\pi) = E(\pi) - E(\pi_0)$$

$$= \frac{i^4 b^2\rho(\gamma^2 - Y(\eta))}{(i^2+b\rho\gamma^2)(i^2+b\rho Y(\eta))} + \frac{(L-\mu\eta)\eta\gamma^2}{\eta^2\gamma^2 + (1-\eta)^2\sigma^2} \quad (6.49)$$

由於 $E(L) = \mu\eta$，並且 $\gamma^2 - Y(\eta) > 0$，因此：

$$E_L(E(\Delta\pi)) = \frac{i^4 b^2\rho(\gamma^2 - Y(\eta))}{(i^2+b\rho\gamma^2)(i^2+b\rho Y(\eta))} > 0 \quad (6.50)$$

式（6.50）的結果表明，觀測外在自然環境有利於政府掌握企業的努力水準，獲得企業相關信息，由於企業對於政府觀測自然狀態的期望成果大於0，也就是說，觀測外在自然狀態對增加企業開展節能工作的成效具有正向促進作用。

6.3.2 監督檢查機制成本控制

無論是企業開展節能工作的努力程度還是與之相關的外在自然狀態，政府都不可能完全觀測和掌握，這樣就可能產生激勵投入的損失和風險成本。雖然採取監督檢查的行為可以降低一定程度上的不確定性，但是否進行監督檢查，或者監督檢查的力度和頻率，則取決於這樣做的成本的大小。

當政府不觀測企業的自然狀態時，即 $\theta=0$ 時，則：

$$\beta_0 = \frac{i^2}{i^2 + b\rho\gamma^2}, \quad Y_0 = \gamma^2 \tag{6.51}$$

由此可知政府不實施觀測時的風險成本為：

$$\mathrm{RC}_0 = \frac{1}{2}\rho\beta_0^2 Y_0 = \frac{i^4\rho\gamma^2}{2(i^2 + b\rho\gamma^2)^2} \tag{6.52}$$

當政府對企業的自然狀態進行部分觀測，即 $\theta \neq 0$ 時，那麼：

$$\beta = \frac{i^2}{i^2 + b\rho Y(\eta)} \tag{6.53}$$

由此可知政府實施部分觀測時的風險成本為：

$$\mathrm{RC} = \frac{1}{2}\rho\beta^2 Y = \frac{i^4\rho Y}{2(i^2 + b\rho Y)^2} \tag{6.54}$$

對式（6.52）和式（6.54）進行比較，可知風險成本變化為：

$$\Delta \mathrm{RC} = \mathrm{RC} - \mathrm{RC}_0 = \frac{i^4\rho Y}{2(i^2 + b\rho Y)^2} - \frac{i^4\rho\gamma^2}{2(i^2 + b\rho\gamma^2)^2} < 0 \tag{6.55}$$

式（6.55）說明，政府如果選擇對企業進行監督、觀測，則可以節約完成目標的風險成本。而企業隨著這種監督行為的出現而產生的努力成本變化為：

$$\Delta C_1 = C(a) - C(a_0) = \frac{i^6\rho(\gamma^2 - Y)(2i^2 + b\rho\gamma^2 + b\rho Y)}{2(i^2 + b\rho\gamma^2)^2(i^2 + b\rho Y)^2} > 0 \tag{6.56}$$

政府因對企業自然狀態的監督而帶來的努力成本增加額為：

$$\Delta C_2 = \Delta M = M(\eta) - M(0) = M(\eta) \tag{6.57}$$

總的努力成本增加額為：

$$\Delta C = \Delta C_1 + \Delta C_2 = \frac{i^4\rho Y}{2(i^2 + b\rho Y)^2} - \frac{i^4\rho Y}{2(i^2 + b\rho\gamma^2)^2} + M(\eta) \tag{6.58}$$

總的激勵成本節約為：

$$\Delta \mathrm{NC} = \mathrm{E}_y(\Delta \mathrm{E}(\pi)) - \Delta C$$

$$= \frac{i^4 b^2 \rho(\gamma^2 - Y(\eta))}{(i^2 + b\rho\gamma^2)(i^2 + b\rho Y(\eta))} - \frac{i^4\rho Y}{2(i^2 + b\rho Y)^2} + \frac{i^4\rho\gamma^2}{2(i^2 + b\rho\gamma^2)^2} - M(\eta)$$

$$\tag{6.59}$$

由式（6.55）和式（6.59）可得總的機制成本節約為：

$$\Delta \mathrm{TAC} = \Delta \mathrm{RC} + \Delta \mathrm{NC} = \frac{i^4\rho Y}{2(i^2 + b\rho Y)^2} - \frac{i^4\rho\gamma^2}{2(i^2 + b\rho\gamma^2)^2} +$$

$$\frac{i^4 b^2 \rho(\gamma^2 - Y(\eta))}{(i^2 + b\rho\gamma^2)(i^2 + b\rho Y(\eta))} - \frac{i^4\rho Y}{2(i^2 + b\rho Y)^2} + \frac{i^4\rho\gamma^2}{2(i^2 + b\rho\gamma^2)^2} - M(\eta)$$

$$= \frac{i^4 b^2 \rho (\gamma^2 - Y(\eta))}{(i^2 + b\rho\gamma^2)(i^2 + b\rho Y(\eta))} - M(\eta) \tag{6.60}$$

比較政府選擇不監督檢查和實施部分監督檢查兩種情況我們可以得出，機制的節約收益等於政府期望效用的增加值和監督機制成本的差額，這個差額隨著監督力度和成本函數的變化而改變。也就是說，對於政府而言，只有當機制的總節約收益 $\Delta TAC > 0$ 時，政府實施部分監督檢查獲得的收益才比不監督檢查的收益更高。只有在這樣的情況下，才有開展監督檢查的價值。而從監督檢查的力度和頻率來看，只有在監督力度 η 滿足式 (6.61) 的條件下，政府才有監督檢查企業的自然條件的意願，因此，我們把這個範圍稱作政府的願意監督集：

$$\left\{ \eta \,\middle|\, M(\eta) < \frac{i^4 b^2 \rho (\gamma^2 - Y(\eta))}{2(i^2 + b\rho\gamma^2)(i^2 + b\rho Y(\eta))},\, 0 \leq \eta \leq 1 \right\} \tag{6.61}$$

6.3.3 中央對地方政府的懲罰機制設計

關於中央政府和地方政府如何理順關係的問題是世界各國實踐中的難題，也是理論界關注的重要研究課題。中國從改革開放起，中央政府花大力氣協調二者之間的關係，基本建立起了二者協調發展的初步框架，國民經濟和社會發展取得了跨越式的進步。但是仔細考量二者關係的演變會發現，中央和地方並沒有完全從緊張狀態脫離，還存在許多突出的矛盾，這影響著二者和諧行政管理體系的建立，也對給中國的政治穩定和經濟發展形成了一定程度的制約。

新中國成立後，中央政權比較集中，地方政府的自主權較少，無法與中央政府進行博弈。改革開放之後，為了適應計劃經濟向市場經濟的轉變，中央政府賦予了地方政府一定的個體利益和自主管理權，地方政府可以相對獨立地處理本轄區內的政治、經濟和社會事務。一系列事權和財權的下放，使得地方政府開展管理和發展經濟的積極性增加，地方政府逐漸擔當起地區經濟增長的重任。然而，隨著計劃經濟向市場經濟的逐步轉軌，政治體制改革的步伐並未與經濟改革步調一致，由此帶來新舊體制並存，不完全的計劃經濟和市場經濟在一個較長的時期內相互作用，中央政府對地方政府以地區生產總值增長為重心的考核導致地方政府與企業之間的關係錯綜複雜。市場經濟的縱深發展，進一步固化了地方政府的利益主體地位。地方政府與中央政府或者其他組織相比，具有較為明顯的雙重性特點：一方面，地方政府是中央政府利益和地方利益的雙重代表；另一方面，地方政府是中央政府和地方區域信息溝通的橋樑。由於中央和地方之間存在信息不對稱，如果沒有地方政府形成的信息管理平臺網

絡，中央政府就無法有效地和地方進行溝通，或者說溝通的成本非常大。這種雙重性特點決定了地方政府其實在中央和地方之間充當了仲介的角色，一個角色是代表中央，對轄區內的各種事務進行管理、調控；另一個角色是代表地方利益，積極向中央爭取支持，在執行中央政策的條件下最大化地爭取本地區利益。這種角色特徵決定了地方政府和中央政府之間在總體利益上的方向是一致的，即都是為了政治穩定、經濟發展、社會進步和人民生活水準的提升。但這也決定了地方政府同時存在自身的利益，例如，地方政府在發展上會優先考慮本區域，在資源的爭取、中央目標的完成等方面會更多地從本區域的利益出發。這樣的雙重性使地方政府時常處於兩難境地。作為中央政府的代表，地方政府在本區域要盡量完成上級下達的目標，推動宏觀戰略的實現；而作為本區域的利益代表，地方政府要盡可能多地為地方謀利益，滿足轄區內人民群眾發展經濟、改善生活的需要。這導致地方政府在執行中央決策或制定本地區決策的時候，總是在執行力度和相機決策中徘徊，當中央目標與地方利益存在不一致的時候，地方政府和中央政府之間就存在博弈行為。

當二者之間存在博弈的空間時，中央政府就需要設計經濟機制，引導地方政府在考慮自身效用的基礎上選擇與總體目標達成相一致的行為。中央政府制定節能目標、設計節能政策都需要一定的信息資源，而地方政府離信息源近，明顯具有信息優勢，中央政府需要的信息資源通常都是通過地方政府傳遞的，或者中央需要的信息就是地方政府本身的行為。對工業節能工作而言，中央政府也有一些自己的信息來源部門，如工信部、發改委、財政部、統計局等，但這些部門的信息來源又大多是來自地方政府的相關管轄單位。中央政府和地方政府之間的這種信息不對稱，使地方政府存在利用自己的信息優勢採取策略性行為的可能，從而可能產生逆向選擇和道德風險。而這最終導致工業節能經濟機制成本的上升和資源配置效率的低下。例如，從節能減排的總體利益出發，中央政府會要求地方政府對高能耗、高污染、技術落後能源效率低的企業進行關停並轉，從而採用更先進的技術，發展清潔生產，而地方政府可能會考慮經濟增長放緩的現實，從而採取消極拖延、打折完成任務或者不完成任務的情況。基於這樣的現實，中央政府必須採取監督、懲罰措施，發揮行政權威對地方政府進行約束。

中央政府作為工業節能的主導者，設計一種經濟機制時會從社會經濟總體目標出發對節能工作開展情況進行調控和監管，如果地方政府較好地履職，完成了一個規劃期內的約束目標，說明這個經濟機制較好地發揮了調控作用，因此得到的收益為 J。如果中央政府在監督、管理地方政府開展工業節能工作的

過程中實施不力，致使下級的工業節能約束目標沒有實現，由於經濟機制存在成本，中央政府可能付出的損失為 E。在這個過程中，最終獲得收益還是損失，取決於中央政府對地方政府行為的發現，q 為發現的概率。中央政府為了準確地掌握地方政府的情況，需通過檢查和督促獲得真實情況，這需要付出的檢查督促成本為 S。

地方政府在工業節能的過程中有兩種選擇：一是認真履行職責並完成既定的約束目標從而獲得獎勵 R，但為此要付出開展工作的成本 C 和由於完成工業節能約束指標而引致的地方經濟增長的損失 L。二是不認真完成當初制定的目標，採用弄虛作假的方式應對中央政府監督檢查，這樣可以保持地方經濟增長從而帶來收益 G，但也有可能被檢查出真相，其概率為 r，而且一旦真相被認真對待，將會受到更嚴厲的處罰，假設為 P。

是否完成當初制定的約束目標將是中央政府判別地方政府具體開展工業節能工作程度的唯一評價標準，且只能在檢查監督的情況下才能獲得地方政府的有關情況，並以此作為後續是否繼續檢查監督的基礎。

雙方各自最大化地追求自身效用。中央政府會根據手中掌握的具體信息，選擇是否對地方政府進行檢查，p 為檢查的概率。相同地，地方政府可以根據自身情況和從中央政府那裡感受到的重視程度選擇是否積極開展工業節能工作，p' 為積極的概率。

在以上假設的基礎上，中央政府和地方政府的獲益矩陣如表 6-1 所示。

表 6-1　　　　　　　　中央政府和地方政府的獲益矩陣

地方政府 ＼ 中央政府	檢查 p	不檢查 $1-p$
積極 p'	$R-C-L$, $qJ-S-R$	$-C-L$, qJ
不積極 $1-p'$	$G-rP$, $-S+rP-qE$	G, $-qE$

如表 6-1 所示，一方面，如果地方政府自主選擇積極推動工業節能，對中央政府而言，不檢查的獲益永遠比檢查的獲益要多，因為 $qJ>-S-R+qJ$，所以中央政府傾向於不檢查。而當中央政府選擇不對工業節能工作開展情況進行檢查時，地方政府選擇不積極推動工作的收益大於積極推動工作的收益，即 $G>-C-L$，因此，地方政府將選擇不積極推動工作。另一方面，當地方政府選擇不積極推動工業節能工作時，對中央政府而言，如果檢查的獲益大於付出的成本，即 $rP>S$，則選擇檢查；反之，如果付出的檢查成本大於收益，即 $rP<S$，則選擇不檢查。在這樣的情況下，博弈的上下級政府取得（不檢查、不積極

的純策略納什均衡，這種均衡顯然無法達到帕累托最優，不利於工業節能工作的開展。

如果中央政府選擇對下級的工業節能工作開展情況進行檢查，對下級而言，如果 $-C-L+R> G-rP$，則選擇積極開展工作，反之會選擇不積極開展工作。此時，如果對下級處罰的收益大於檢查的成本，博弈雙方也會取得（檢查、不積極）的純策略納什均衡，這個均衡同樣對工業節能工作開展不利。

由此我們可以看出，在這個模型中，不存在對工業節能工作開展有利的純策略納什均衡，所以，我們必須探尋博弈雙方的混合策略納什均衡。

中央政府的期望收益為：

$$\pi_{中}(pp^*) = p[p^*(-S-R+qJ)+(1-p^*)(-S+rP-qE)]+(1-p)[p^*qJ-(1-p^*)qE] \tag{6.62}$$

一階條件為：$\partial \pi_{中}(pp^*)/\partial P = -p^*R-S+rP-p^*rP=0$ (6.63)

解得：$p^* = \dfrac{rP-S}{R+rP}$ (6.64)

地方政府的期望收益為：

$$\pi_{地}(pp^*) = p^*[p(-C-L+R)+(1-p)(-C-L)]+(1-p^*)[p(G-rP)+(1-p)G] \tag{6.65}$$

一階條件為：$\partial \pi_{地}(pp^*)/\partial p^* = pR-C-L+prP-G=0$ (6.66)

解得：$p^* = \dfrac{G+C+L}{R+rP}$ (6.67)

p^* 即為該博弈的混合策略納什均衡。

從以上結果我們可以得出，一方面，以 p^* 為臨界點，當選擇檢查的概率大於 p^* 時，地方政府的最優策略是選擇積極開展工業節能工作；反之，當檢查的概率小於 p^* 時，地方的最優策略是選擇不積極開展節能工作。另一方面，對中央政府而言，當地方自主選擇積極開展節能工作的概率大於 p'^* 時，中央政府選擇不檢查為最優策略；反之，當地方積極開展節能工作的概率小於 p'^* 時，中央政府須選擇檢查。當 $p^* = \dfrac{rP-S}{R+rP}$ 與 $p^* = \dfrac{G+C+L}{R+rP}$ 相等時達到一種平衡。

我們可以這樣理解，工業節能工作的開展是上下級政府之間複雜利益博弈的結果，對上級政府而言，監督檢查的頻率和力度應當在一個合理的範圍內，如果上級政府督促檢查的概率較大，地方政府投入的工作成本就越多，且由此帶來的經濟增長損失就越大，地方政府選擇保增長而消極應對節能工作的概率也就越大。但是，如果引入懲罰機制，我們會發現，中央政府處罰 P 值越大，

6 中國工業節能經濟機制的模型設計 | 113

檢查概率 p 值就會越小，這有利於降低檢查監督帶來的成本，而中央政府監督檢查的成本 S 越小，地方政府選擇積極開展節能工作的 p' 值就越大，這更有利於節能目標的完成。

這幾對關係給我們的啟示在於，在開展工業節能工作的過程中，中央政府和地方政府之間有各自的利益考慮，既要有目標強制約束，也要有經濟引導激勵，還要有懲罰機制作為權威保障；不同的區域因存在經濟發展水準的差異，對目標的利益衡量也存在較大的差距，如果採用同樣的約束和激勵標準，在利益大小的權衡下，有的政府會選擇不積極開展工業節能工作；中央政府在開展檢查的過程中，應該考慮合適的督促檢查方式，既要有效督促下級積極開展工作，也要注意降低檢查成本；獎勵和懲罰要有合適的度，並非越多越好，避免下級政府為此不惜弄虛作假。

6.3.4　地方政府對企業的懲罰機制設計

如果不考慮中央和地方政府之間的利益差異性，節能工作就可以看作單純的政府和企業之間的利益博弈，但由於現行的政績考核體系和高度分權的行政管理體制，在節能工作開展的過程中，地方政府出於自身經濟利益考慮，或者明知不管，或者和企業一起形成地方保護，放任企業在較低的能效水準上組織生產和排放污染物。這會嚴重影響節能政策的實際效果，偏離節能社會經濟目標。雖然總體上節能指標完成了，但是實際的能源效率卻處於較低水準。因此，除了地方政府對企業的監督和懲罰外，中央政府也有必要對地方政府監管企業的情況進行再監督和再懲罰。

我們假設地方政府和企業雙方作為博弈的參與者，在工業節能的過程中都最大化地追求自身的效用。按照一個規劃期內制定的約束目標，地方政府可以考核企業是否完成既定的目標任務情況，如果企業完成了規劃期內的目標，那麼企業將得到獎勵 R，而地方政府則可因此得到中央政府的獎勵 J。如果地方政府在監督、管理企業開展工業節能工作的過程中實施不力，致使工業節能約束目標沒有實現，那麼地方政府將受到中央政府的追責，從而得到懲罰 E。在這個過程中，最終獲得中央政府的獎勵還是懲罰，取決於中央政府是否發現該問題，q 為發現的概率。地方政府為了準確地掌握企業的情況，需通過檢查和督促企業來獲得真實情況，而這需要付出的成本為 S。

企業在開展工業節能的過程中有兩種選擇：一是認真完成既定的約束目標從而獲得獎勵 R，但為此要付出開展節能工作的成本 C。二是不認真開展工業節能工作，採用弄虛作假的方式應對地方政府，但有可能被檢查出真相，其概

率為 r，而且一旦真相被認真對待，企業將會受到更嚴重的處罰，假設為 F，且會給企業社會形象帶來負影響，假設為 h。

是否完成當初制定的約束目標將是地方政府政府判別企業具體開展工業節能工作程度的唯一評價標準，且只能在檢查監督的情況下才能獲得企業的有關情況，並以此作為後續是否繼續檢查監督的基礎。

雙方各自最大化地追求自身效用。地方政府會根據手中掌握的具體信息，選擇是否對企業進行檢查，p 為檢查的概率。同樣地，企業可以根據自身效用情況和從地方政府那裡感受到的重視程度選擇是否積極開展工業節能工作，p' 為積極的概率。

在以上假設的基礎上，地方政府和企業雙方的獲益矩陣如表 6-2 所示。

表 6-2　　　　　　　　　地方政府和企業的獲益矩陣

企業＼地方政府	檢查 p	不檢查 $1-p$
積極 p'	$R-C$, $-S-R+qJ$	$-C$, qJ
不積極 $1-p'$	$-H-rF$, $-S+rF-qE$	0, $-qE$

如表 6-2 所示，一方面，如果企業自主選擇積極推動工業節能，對地方政府而言，不檢查的獲益永遠比檢查的獲益要多，因為 $qJ>-S-R+qJ$，所以地方政府傾向於不檢查。而當地方政府選擇不對企業工業節能工作開展情況進行檢查時，企業選擇不積極推動工作的收益大於積極工作的收益，即 $0>-C$，因此，企業將選擇不積極推動工作。另一方面，當企業選擇不積極推動工業節能工作時，對地方政府而言，如果檢查的獲益大於付出的成本，即 $rF>S$，則選擇檢查；反之，如果檢查的成本大於收益，即 $rF<S$，則選擇不檢查。在這樣的情況下，博弈雙方取得（不檢查、不積極）的純策略納什均衡。這是不利於工業節能工作開展的策略。

如果地方政府選擇對企業的工業節能工作開展情況進行檢查，對企業而言，如果 $-C+R>-rF-h$，則選擇積極開展工作，反之會選擇不積極開展工作。此時對地方政府而言，如果對企業進行處罰的收益大於檢查的成本，即 $rF>S$，博弈雙方也會取得（檢查、不積極）的純策略納什均衡，這個均衡同樣對工業節能工作開展不利。

由此我們可以看出，在這個模型中，不存在對工業節能工作開展有利的純策略納什均衡，所以，我們必須探尋博弈雙方的混合策略納什均衡。

地方政府的期望收益為：

$$\pi_{地}(pp^*) = p[p^*(-S-R+qJ)+(1-p^*)(-S+rF-qE)] + (1-p)[p^*qJ-(1-p^*)qE] \tag{6.68}$$

一階條件為：$\partial \pi_{地}(pp^*)/\partial p = -p^*R-S+rF-p^*rF = 0$ (6.69)

解得：$p^* = \dfrac{rF-S}{R+rF}$ (6.70)

企業的期望收益為：

$$\pi_{企}(pp^*) = p^*[p(-C+R)+(1-p)C] + (1-p^*)[p(-rF-h)] \tag{6.71}$$

一階條件為：$\partial \pi_{企}(pp^*)/\partial p^* = pR-C+prF+ph = 0$ (6.72)

解得：$p^* = \dfrac{C}{R+rF+h}$ (6.73)

從以上結果我們可以得出，一方面，當地方政府選擇檢查的概率大於 p^* 時，企業的最優策略是選擇積極開展工業節能工作，達到要求的標準；反之，當檢查的概率小於 p^* 時，企業的最優策略是選擇不積極開展工業節能工作。另一方面，對地方政府而言，當企業自主選擇積極開展工業節能工作的概率大於 p'^* 時，選擇不檢查是地方政府的最優策略；反之，當企業積極開展工業節能工作的概率小於 p'^* 時，地方政府須選擇檢查。當 $P^* = \dfrac{rF-S}{R+rF}$ 與 $P^* = \dfrac{C}{R+rF+h}$ 相等時達到一種平衡。

在模型中我們同樣會發現這樣幾對關係：地方政府的獎勵 R 越大，企業會越多地使用弄虛作假的手段，但處罰 F 值也會越大，則地方政府檢查的概率 p 值就會越小，機制成本會隨之降低。地方政府檢查的成本 S 越小，企業選擇積極開展工業節能工作的 p' 值就越大。地方政府發現企業弄虛作假的意願增強，對此處罰的 F 值就會越大，從而企業選擇積極開展工業節能工作的 p' 值就越大。也就是說，處罰力度將會影響博弈雙方對行為的選擇，隨著處罰力度的增大，政府可以憑藉處罰的威懾力減少監督檢查的頻率，從而降低監督檢查的成本付出，而企業反而會增加節能工作的積極性。同時，在地方政府監督檢查企業的過程中，中央政府要實行再監督和再懲罰機制，這樣即使地方政府對企業的監管頻率並沒有增強，但企業積極開展節能工作的概率卻提高了。因此，懲罰機制有利於推動地方政府和企業選擇積極開展節能工作，並降低整個經濟機制的成本，從而保證節能目標較好的達成。

6.4 工業節能目標設定機制的設計

在第五章中我們分析了當前中國工業節能目標的確定方法和分解體系，基本採用的是中央政府確定一個全國的總目標之後，再平均分解到各省份，這種方法沒有考慮各區域的差異性，不利於調動各省份的積極性和能源效率的真實改善。那麼在設計工業節能經濟機制的過程中，如何確定一個合理的能源效率目標值，既考慮地方的經濟發展狀況，又讓能源效率得到合理的提升？我們知道，人們所面臨的是一個信息不完全的社會，中央政府在確定目標的時候沒有也不可能掌握地方政府或者企業的所有私人信息，如果可以掌握全部有關信息的話，直接控制或強制命令的集中化決策（如計劃經濟）就不會有問題，目標的確定就是一個簡單的優化問題。因此，在無法掌握全部信息的情況下，目標設定應當採取分散決策的方式，用激勵機制或規則這種間接控制的分散化決策方式來誘使地方政府顯示個人偏好，從而讓中央政府瞭解更多有關工業節能的經濟環境集（我們將機制設計的所有重要因素稱為經濟環境集或者環境空間），在中央政府和地方政府的互動博弈過程中，確定一個合理的工業能源效率目標值。

6.4.1 地方政府節能目標選擇偏好

對地方政府而言，實現工業節能目標可以節約能源從而帶來一定的經濟效益，但如果目標設定過高，則可能影響當地的經濟發展。因此，我們假設工業節能會產生「能源節約效益」和「經濟發展水準」兩種商品，商品空間是二維歐式空間的非負象限 R^2+，節能目標的程度或者數量決定了能源節約效益的多少和地方經濟是否受阻礙以及受阻礙的程度。

中央政府確定工業節能目標值的控制變量 $\lambda \in [0,1]$，$\lambda=0$ 代表不開展節能工作，而 $\lambda=1$ 代表只考慮節能而不考慮對經濟發展影響的最高值域。

圖 6-1 的曲線表示產出集合，根據產出的空間，$(0, N)$ 表示未開展節能工作的產出集和，N 為未開展節能工作時獲得的經濟發展水準量。圖 6-1 的線性曲線是通過函數 $\varphi: [0, 1] \to R^2+$ 形成的單位區間映像，且 $\varphi(\lambda) = (\varphi_1(\lambda), \varphi_2(\lambda))$，$\varphi_1(\lambda)$ 表示節能目標為 λ 的能源節約效益量，$\varphi_2(\lambda)$ 表示節能目標為 λ 的經濟發展水準量。假定曲線 $\varphi([0,1])$ 為分區間段但連續的線性函數。圖 6-1 中的點 P 和點 Q 是 $\varphi([0,1])$ 的導數的（跳躍）不連續點。同點

P 和點 Q 對應的 λ 值為 $\lambda=\lambda_1$ 和 $\lambda=\lambda_2$。

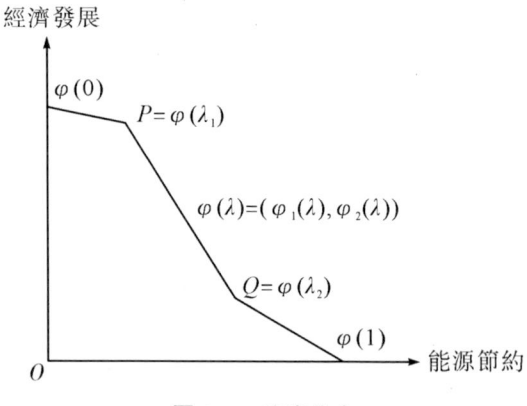

圖 6-1　產出集合

地方政府一方面承受著來自中央的節能目標任務考核和社會公眾期待美好環境的壓力，另一方面承擔著區域內經濟增長目標的壓力，前者希望節能目標更高，後者儘管也支持節能帶來的效益和美好環境，但希望節能指標能夠低一些，我們假設兩者具有截然相反的偏好。為了簡單起見，我們假定在地方政府中存在主張節能優先和主張經濟發展優先的兩個遊說群體。前者認為，節能環保群體都願意支持、鼓勵更高節能量的目標。節能目標完成度的高低決定了將來能在多大程度上獲得節能環保人群的支持。如果 $\lambda=0$ 是建議完成的目標，節能環保群體願意支持更多或更高的目標。若 $\lambda=1$，節能環保群體就不再接受更多的付出。因此，政府中主張節能優先的群體知道，函數 $P_1:[0,1] \to R$ 的值 $P_1=P_1(\lambda)$ 是所能接受的目標 λ 預期通過節能環保群體的支持產生的政治壓力強度。

同樣地，政府中主張優先發展經濟的群體知道，函數 $P_2:[0,1] \to R$ 的值是政府預期通過節能目標 λ 產生的政治壓力。我們將 P_i 稱作政治行動函數或簡稱 p-函數。假定 p- 為初始已知。對 p-函數做兩個假定：第一，假定函數 P_i 在區間 $[\tau_{min}^i, \tau_{max}^i]$ 的取值，$i=1,2$。兩個端點分別代表主張節能優先的群體可以接受的最小和最大政治壓力。假定 P_1 在 0 處為最大值，P_1 在 $[0,1]$ 的區間上嚴格遞減，而 P_2 在 0 處為最小值，P_2 在 $[0,1]$ 區間範圍內嚴格遞增。第二，假定每個線性函數都表現為分段連續，函數 P_i 由圖 6-1 中函數 $\varphi(\lambda)$ 的三個線段組成，具體如圖 6-2 所示。

圖 6-2　分段函數 P_i

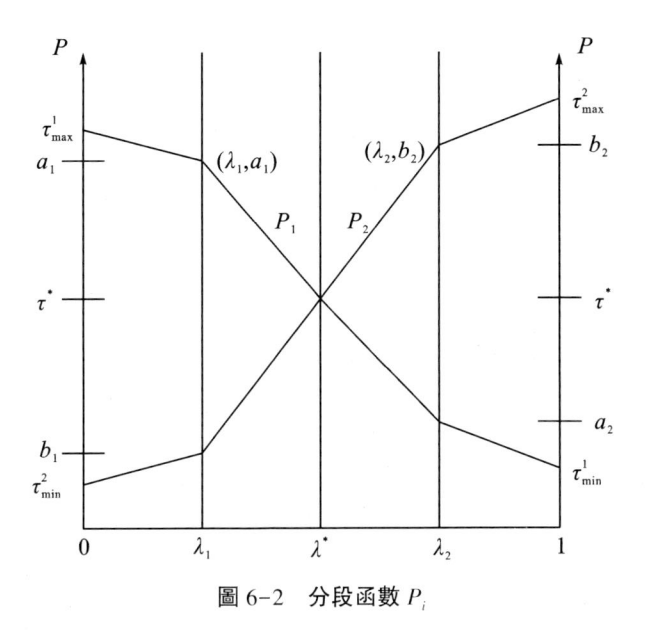

因此，主張節能優先的群體的一個可能的 p-函數 P_1 通過地方政府在以下四個點的取值為：

$\lambda = 0, \ \lambda = \lambda_1, \ \lambda = \lambda_2, \ \lambda = 1$

具體可以設想：

$\tau^1_{max} = P_1(0), \ a_1 = P_1(\lambda_1), \ a_2 = P_1(\lambda_2), \ \tau^1_{min} = P_1(1)$

對於 P_2，我們可類似得到：

$\tau^2_{min} = P_2(0), \ b_1 = P_2(\lambda_1), \ b_2 = P_2(\lambda_2), \ \tau^2_{max} = P_2(1)$

根據上述符號，三個線段組成 P_1 的圖，其端點分別是 $((0, \tau^1_{max}), (\lambda_1, a_1))$、$((\lambda_1, a_1), (\lambda_2, a_2))$ 和 $((\lambda_2, a_2), (1, \tau^1_{min}))$。$\tau^1_{max} > a_1 > a_2 > \tau^1_{min}$ 的要求意味著 P_1 在 0 和 1 之間嚴格單調遞減的假定。同樣地，構成 P_2 的三個線段的端點分別是 $((0, \tau^2_{min}), (\lambda_1, b_1))$、$((\lambda_1, b_1), (\lambda_2, b_2))$ 和 $((\lambda_2, b_2), (1, \tau^2_{max}))$，其中 $\tau^2_{min} < b_1 < b_2 < \tau^2_{max}$。

假定函數 φ 的形式是固定的，兩個群體都瞭解函數 φ 的形式。因此，τ^1_{max}、τ^1_{min}、τ^2_{min} 和 τ^2_{max} 是兩個群體都知道的常數。因此，政治行動 p-函數通過 a_1 和 a_2 兩個參數來確定 P_1。同樣，P_2 通過 b_1 和 b_2 兩個參數來確定。因此，可以通過四個參數 $\theta = (a_1, a_2, b_1, b_2)$ 來確定 (P_1, P_2) 的環境組合。環境集 $\theta = \theta^1 \times \theta^2$ 是所有滿足

$\tau^1_{max} > a_1 > a_2 > \tau^1_{min}$

$\tau_{\min}^2 < b_1 < b_2 < \tau_{\max}^2$

的 (θ^1, θ^2) 構成的集合。因此，存在

$\theta^1 = \{(a_1, a_2,): \tau_{\max}^1 > a_1 > a_2 > \tau_{\min}^1\}$

$\theta^2 = \{(b_1, b_2): \tau_{\min}^2 < b_1 < b_2 < \tau_{\max}^2\}$

令 $a = (a_1, a_2)$ 和 $b = (b_1, b_2)$，必要時，可將對應參數 a 和 b 的 p-函數表示成 $P_1(\cdot, a)$ 和 $P_2(\cdot, b)$。

各個省份的經濟環境集信息，以及過去累積的資源稟賦、節能潛力和選擇偏好等影響目標確定的可能性信息分散在不同的地方政府之間，中央政府和地方政府之間除非進行充分的溝通，否則，不能直接觀察到各省份經濟環境特徵的中央政府就沒有引導行動的有效信息。接下來要解決的是，中央政府如何通過機制設計算法，利用顯示原理設計的激勵相容機制達到信息有效性的問題。

6.4.2 基於顯示偏好的節能目標設定機制

中央政府的職責是確定各省份的節能目標，相當於選擇 λ 值。中央政府對函數 φ 是清楚的，但是不清楚函數 P_i 是多少，$i = 1, 2$。也就是說，中央政府不知道當前的環境信息，即

$\theta = (a_1, a_2, b_1, b_2) = (a, b)$

中央政府必須選擇某種大家認可的方式來取得對目標確定方式的認同。對於每種可能的環境 θ，中央政府可以通過與 $\lambda = F(\theta)$ 相聯繫的目標函數來表示一種取得認可的方式。中央政府同樣承受著來自節能環保公眾的壓力和經濟增長的壓力，我們假定中央政府確定的節能目標讓兩個群體都承受著相同的政治壓力，圖 6-2 中的點 (λ^*, τ^*) 就是這樣的壓力。中央政府必須設計系統的機制或過程，使得自己能夠以某種方式獲得環境信息，並且在每個可能的環境進行理想的決策。假設兩個群體都不斷通過對話形式將有關的信息傳送給中央政府，那麼信息的反饋和交換是存在時間離散的，表現為一個動態的過程。

在 t 期，中央政府宣布暫行節能率 $\lambda(t) \in [0, 1]$。節能優先群體回應信息 $P_i(t) = P_i(\lambda(t), \theta^i)$，$i = 1, 2$。在 $t+1$ 期，中央政府計算

$\Delta(\lambda(t)) = P_1(\lambda(t), a) - P_2(\lambda(t), b)$

並根據規則

$\lambda(t+1) = \lambda(t) + \eta(\Delta(\lambda(t)))$

對 $\lambda(t)$ 的值進行調整，η 為滿足 $\eta(0) = 0$ 的 Δ 的保號函數。根據這樣的對話過程，中央政府提出節能目標率，兩個群體都通過地方政府向中央政府回應一個信息，告訴中央政府自己可以施加的壓力大小。若節能環保者施加

的壓力大於地方經濟保護者施加的壓力，中央政府就提議更高的節能目標率；反之，中央政府就提議更低的節能目標率。當兩者的壓力相等時，中央政府就宣布自己的決策。

對函數 P_i ($i=1, 2$) 施加的假定保證了存在滿足條件 $\Delta(\lambda^*) = 0$ 的唯一的目標率 λ^*，且定義的調整過程收斂於節能目標率 λ^*。不過，部分環境的函數 P_i ($i=1, 2$) 並不滿足我們的假定條件，此時中央政府對壓力的反應可能導致更複雜的調整和不同的結果。

在經濟機制設計的文獻中，通常用驗證想定識別均衡，每個人對已發布信息的反應只能是「是」或「否」，若所有人都回答「是」，所有人的反應便驗證了預定均衡的存在（根據計算機科學語言，驗證想定屬於非確定性的算法）。因此，根據驗證想定的規則，中央政府發布一個信息時地方政府中的兩個群體可以答「是」或「否」。假定兩個群體都不隱藏私人信息而選擇如實回答（後面也將會對不如實回答的情況進行分析），如果都回答「是」，則中央政府就根據某種確定的規則將自己發布的信息轉化成節能目標率。但現實的問題是，地方政府、產業部門與環保主義者之間的溝通顯然非常複雜和冗長。於是，現實使得我們萌生實現目標函數的機制最好使用盡可能少的信息的想法。事實上，設計節能目標率本身就是一個交換和調整信息的動態過程，這有點類似市場調整，當雙方的對話過程出現一個較平穩的信息點時，一個合適的區間或者配置結果即被決定，任何一個經濟機制及目標的設計和執行都離不開信息資源，但信息的獲取和傳輸需要花費成本。因此，對於確定節能目標的中央政府來說，信息空間的維數較少更容易決策。

若中央政府發布四維向量 (a_1, a_2, b_1, b_2) 的信息，地方政府中的兩個群體都回答「是」，意味著地方政府將自己的節能和經濟壓力參數都告訴了中央政府。因此，此時的信息為 $m = (a_1, a_2, b_1, b_2; x)$，其中 $x \in$ {是，否} × {是，否} 代表兩個人的回答。

無論中央政府發布的信息具有何種性質，處於驗證想定的兩個群體都可能給出相同的回覆信息的集合。因此，希望最小化信息量的我們可以忽略兩個群體的答覆信息 x，而集中關心中央政府發布的信息。在知道所有群體都回答「是」時，中央政府便在此基礎上計算結果函數的值 $h(m) = h(a_1, a_2, b_1, b_2)$ = $F(a_1, a_2, b_1, b_2)$，並給出對應的節能目標率。

上面描述的過程是在中央政府發布信息後，每個群體只知道自己參數的背景下，根據自己的情況選擇是否回答「是」，這個目標確定的過程採用了四維的信息空間，我們認為它是一個完全顯示機制。

還有沒有比完全顯示更好的機制呢？假設兩個群體中其中一個知道目標函數，就需要一個設定目標的隱私保障機制，這個機制是參數傳遞的三維信息空間。假設節能環保群體知道中央政府發布的目標信息為 (u, v, w) 三個數字構成。針對環境 (a_1, a_2, b_1, b_2)，經濟發展優先群體只有在 $v = b_1$ 和 $w = b_2$ 的充分必要條件才會對目標信息選擇「是」，而節能環保群體只有在 $u = F(a_1, a_2, v, w)$ 的充分必要條件下才會選擇「是」。結果函數為：

$$h(m) = h(u, v, w) = u$$

可以看出，基於三維信息空間的參數傳遞機制能夠較好地實現隱私保障和目標函數的確定，而且它比完全顯示機制所需的信息空間維度更少。如果兩個群體都不知道目標函數，就無法使用參數傳遞機制。

根據分析我們也可以看出，對於目標函數和隱私保障的實現不存在一維的信息空間的機制，因為這意味著中央政府直接發布節能目標率 λ^*。而節能環保群體選擇「是」的充分必要條件為存在恰好使得點 (λ^*, τ) 位於其 p-函數圖形的實數 τ。處於 $[\tau^1_{min}, \tau^1_{max}]$ 區間的任意 τ 值顯然都滿足這個要求。因此，若 τ 屬於區間 $[\tau^1_{min}, \tau^1_{max}]$，則節能環保群體始終選擇「是」，否則就選擇「否」。經濟優先發展群體也面臨同樣的情況。除非偶然的巧合，中央政府無法在一維信息空間的機制下識別哪個是真正的參數點。

僅剩的可能性是二維信息空間的機制。接下來，我們分析一個既實現目標函數又只使用二維信息的隱私保障機制。中央政府發布二維信息 (λ, τ)，節能目標率 $\lambda \in [0, 1]$，而 τ 是實數。節能環保會在 (λ, τ) 屬於圖 P_1 中的一個點的情況下選擇「是」；經濟發展優先群體在 (λ, τ) 屬於圖 P_2 中的一個點的情況下選擇「是」。(λ, τ) 是兩者的 p-函數圖形的交點時兩個群體都選擇「是」，如果希望兩個群體都選擇「是」，那麼中央政府發布的 (λ, τ) 須滿足方程：

$$P_1((\lambda, \tau); a) - P_2((\lambda, \tau); b) = 0$$

這個時候，地方政府受到的來自節能環保群體和經濟增長群體的壓力程度相當，從而達到一種平衡。

利用不同維度的信息空間，我們可以改善信息決策的效率。在圖 6-2 中，一個信息恰好可以識別一個參數向量，而一個參數向量恰好能夠識別兩個 p-函數組成的環境。根據圖 6-2 表明的情形，中央政府發布 (λ^*, τ^*)，其中 $\lambda_1 \leq \lambda^* \leq \lambda_2$ 和 $P_1(\lambda^*; a) = P_2(\lambda^*; b)$。於是，中央政府可以通過求解兩個線性方程構成的方程組的方法獲取 λ 值。我們知道，求解線性方程組獲取的

λ值正是目標函數設定的結果。於是，無須識別自己面臨的特定環境、機制和中央政府就可以驗證目標函數設定的節能率。

迄今為止，我們一直假設機制的參與者地方政府存在沒有策略性地利用自己的私人信息的動機。其原因在於，我們現在的目標是為設計信息有效的分散決策機制提供算法。接下來將研究如何將算法與激勵相容機制的設計方法相結合，以得到激勵相容和信息有效的分散決策機制。

6.4.3 基於策略行為的節能目標設定機制

上一節我們假定地方政府在目標設定的過程中向中央政府如實報告自身私人信息，而實際工作中，地方政府通常會利用私人信息採取策略性行為。例如，地方的節能潛力和節能技術水準是私人信息，中央政府不可能完全清楚，為了更容易完成中央政府下達的節能目標，地方政府就會有激勵低報能源強度值和節能技術水準，從而使得中央政府下達較低的節能目標率。策略性行為增加了制定目標的分散決策機制的信息空間規模。接下來我們分析同時涉及策略目標和信息目標的機制設計方法。

中央政府的決策變量 $\lambda \in [0, 1]$ 表示中央所允許的節能目標率。對於 $i=1, 2$，兩個函數 $P_i: [0, 1] \to [\tau_{min}^i, \tau_{max}^i]$ 分別表示節能環保群體要求中央政府承受的政治壓力「數量」以及經濟優先發展群體要求中央政府承受的政治壓力，兩者都是節能量 λ 的函數。

圖6-2反應了簡化的假設，即對於參數 $\theta^1 = (a_0, a_1, a_2, a_3)$ 和 $\theta^2 = (b_0, b_1, b_2, b_3)$ 指定的全部許可環境 $\theta = (\theta^1, \theta^2)$，我們得到：

$a_0 = \tau_{max}^1$，$a_3 = \tau_{min}^1$，$b_0 = \tau_{min}^2$，$b_3 = \tau_{max}^2$

$a_0 > a_1 > a_2 > a_3$，$b_0 < b_1 < b_2 < b_3$

$a_0 > b_0$，$a_3 < b_3$

假定在任意許可環境 $\theta = (\theta^1, \theta^2)$ 中，對於 $j \neq i$，θ^i 為只有節能環保群體 i 知道的參數。

假定地方政府採取策略性行為，對提議的目標值 $\lambda \in [0, 1]$ 回答是或否，λ 的值是對應兩個群體都回答「是」的值（根據我們的假設，λ 的值具有唯一性）。這個結果等價於以下過程：每個群體都通過地方政府將其參數 θ^i 傳遞給中央政府，中央政府計算滿足方程 $P_1(\lambda, \theta^1) - P_2(\lambda, \theta^2) = 0$ 的解 (λ^*, τ^*)，再指定 λ^* 為允許的節能目標率。地方政府真實地傳遞其參數時，這個過程給出符合目標函數要求的決定。然而，當地方政府隱藏個人信息而採

取策略性行為時，在參數傳遞過程中地方政府就可能選擇不如實回答。群體的 p-函數為私人信息。節能環保群體希望採用使得 λ 取任意值時自己的 p-函數值符合上述條件（2）。

圖 6-3 表示相應的 p-函數。

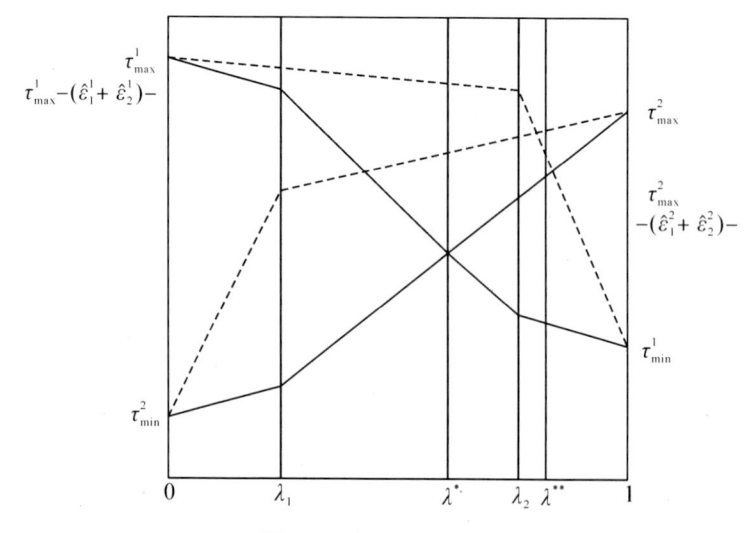

圖 6-3　相應的 p-函數

p-函數的具體形式如下：

$\hat{a}_0 = \tau^1_{max}$，$\hat{a}_1 = \tau^1_{max} - \varepsilon^1$，$\hat{a}_2 = \hat{a}_1 - \varepsilon^1$，

$\hat{a}_3 = \tau^1_{min}$

$\hat{b}_0 = \tau^2_{max}$，$\hat{b}_1 = \tau^2_{max} - \varepsilon^2$，$\hat{b}_2 = \hat{b}_1 - \varepsilon^2$，$\hat{b}_3 = \tau^2_{min}$

由於 p-函數具有嚴格單調性，可以排除 $\varepsilon^i = 0$，$i = 1, 2$。假定存在以 ε^1 和 ε^2 為下界的正數 $\varepsilon^i > 0$，$i = 1, 2$。

若 $\tau^1_{max} - 2\varepsilon^1 > \tau^2_{max}$，則節能環保群體具有優勢，在這種場合，方程 $P_1(\lambda, \hat{a}) - P_2(\lambda, \hat{b}) = 0$ 的解 λ^{**} 位於區間 $(\lambda_2, 1]$。類似地，若 $\tau^1_{max} < \tau^2_{max} - 2\varepsilon^2$，則 $\lambda^{**} \in [0, \lambda_1]$。

運用中央政府制定經濟機制的顯示原理，需要每個群體報告自身參數 θ^i 對應的 p-函數，中央政府則根據地方政府報告的總體參數值 θ 確定 λ 值，以及由 $\hat{\lambda}$ 所反應的節能目標量。要確保目標值有效，中央政府必須設計一種能讓地方政府如實報告參數的機制，較好的做法是在信息交換和調整過程中設定一個對話階段。地方政府向中央報告自己的參數，節能環保群體報告 $\hat{a}$，經濟發

展優先群體報告 $\hat{b}$。求解方程 $P_1(\lambda, \hat{a}) - P_2(\lambda, \hat{b}) = 0$ 的解 λ^{**}，在第二個階段，每個群體須報告所承受的政治壓力。節能環保群體 i 的真實參數值為 $\bar{\theta}^i$ 時，$P_i(\lambda^{**}, \bar{\theta}^i)$ 為該群體可以接受的最大政治壓力。定義差距 $E^i(\lambda^{**}) = P_i(\lambda^{**}, \hat{\theta}^i) - P_i(\lambda^{**}, \bar{\theta}^i)$。中央政府能夠觀測到這個差距。中央政府宣布通過下式定義的規則為決策的原則。

$$\text{若} \begin{cases} E^1 > E^2 \\ E^1 < E^2 \\ E^1 = E^2 > 0 \\ E^1 = E^2 = 0 \end{cases} \text{則} \begin{cases} \lambda^* = 0 \\ \lambda^* = 1 \\ \lambda^* = \begin{cases} 0, \text{以概率 } 1/2 \\ 1, \text{以概率 } 1/2 \end{cases} \\ \lambda^* = \lambda^{**} \end{cases}$$

由此可見，在對話的第一階段，報告真實參數是較好的選擇。因此，節能環保群體報告 $\hat{a} = \bar{a}$，而經濟發展優先群體報告 $\hat{b} = \bar{b}$，這個機制是以講真話為占優策略的。

現在，我們考慮信息方面的問題。顯示機制的信息空間是四維的。兩個參數代表不同群體的環境，另外兩個參數選擇共同知曉的常數值。從顯示機制開始，我們知道，對於環境 $(\bar{a}, \bar{b})$，要求中央政府發布 $(\lambda^*, \tau^{1*}, \tau^{2*})$ 三個值。

$P_1(\lambda^*, \hat{a}) - P_1(\lambda^*, \bar{a}) = 0$ 和 $\tau^{1*} = P_1(\lambda^*, \bar{a})$ 的充分必要條件是節能環保群體回答「是」，而 $P_2(\lambda^*, \hat{b}) - P_2(\lambda^*, \bar{b}) = 0$ 和 $\tau^{2*} = P_2(\lambda^*, \bar{b})$ 的充分必要條件是經濟發展優先群體回答「是」。

節能目標設計機制實際上包含了三個主要的模塊：激勵相容的機制、分散決策的機制和信息有效的機制。機制設計的過程告訴我們，節能目標確定的信息空間不可能是一維的，但也並非越多越好，為了降低信息傳遞的成本，盡量減少信息空間的維度比較容易決策。節能目標確定的步驟也不是一個單向的過程，步驟的過程應該根據參數傳遞的實際情況而定，應當在過程中增加中央政府和地方政府的「對話」階段。節能目標率並非某個具體的數值，而是在一個區間範圍內多個變量的集合。節能目標應當根據經濟發展水準和市場培育程度分為近期目標和中長期目標，近期目標是通過財政補貼、稅收優惠等激勵政策，加強地方政府對工業企業的監管力度，規範節能市場，引導企業和社會向著節能的方向發展。長期的目標是在釋放大量節能需求的基礎上，通過完善市場服務體系，利用法律、標準、價格、金融等多種手段，充分發揮市場對資源

的配置作用，逐步完善工業節能的長效機制。當前，中國的節能目標確定和分解體系在信息的維度、有效性以及與地方政府的對話傳遞機制方面比較欠缺。儘管從數據上看，近十年來中國能耗強度在持續下降，但是，如果綜合考慮非合意產出、經濟增長水準、能源消費結構變化、能源價格改革等因素，能源效率改善的水準將大打折扣，且如果繼續採用原有的節能目標確定方法和目標平均分解體系，阻礙節能的經濟環境集不會發生根本變化，節能經濟機制的長效性和可持續性也會受到極大影響。

7 中國工業節能經濟機制設計的政策建議

7.1 科學確定和分解工業節能的區域目標

綜合前文所述，當前總體確定目標和大致平均分解目標的方法，不僅導致了能源效率的部分損失，也增加了國家層面總體目標完成的不確定性，由於各省份的經濟發展水準、產業結構、資源禀賦等存在較大的差異，當前的工業節能經濟機制對節能成本和經濟增長形成了一定程度的衝擊。西部地區的工業能源效率處於較低的水準，從這個意義上講具有較大的節能潛力，似乎應當承擔更多的節能份額。但是，追尋歷史原因會發現，較低的能源效率大部分來自於傳統的國家產業佈局、非均衡的經濟發展和不同的生態約束水準，且新一輪的重工業、高耗能行業的內遷轉移，給西部的能源效率改善帶來更大的壓力。而東部等地區消費著西部地區提供的資源和原材料產品，在區域收斂的作用下，較高的技術水準使得節能成本相對較低，承擔的社會成本也較低。從這個層面上講，節能目標的確定和分解體系必須反應這樣的區域現實和差距。

首先，節能目標的確定必須遵循經濟機制中目標函數的設定方法，在多維信息空間的基礎上採取多步驟的機制，讓目標既符合總體要求，又體現區域特色且激勵參與主體的積極性。

其次，目標率的分解要從高耗能產業或產品的生產端向消費端轉移，即不能因為某些區域的高耗能產業比重高、能源效率低就制定更高的節能目標，而要對節能目標從消費端加以考慮。例如，東部地區的11個省份雖然具有較高的能源效率水準，但以11%的國土面積消耗了近60%的煤炭和超過40%的石油，單位面積能源消耗量是全國平均水準的5倍多。

最後，節能目標的確定應該分長期目標和短期目標。從長期來看，各省份的能源效率最終會達到一個差距不大的較優水準，但從短期來看，由於經濟轉型的成本壓力，各省份的節能目標和節能約束監管應該是一個逆向的組合，也就是說，西部高能耗區域在短期內應該執行較低的工業節能目標，但實行更嚴格的節能監管，而東部低能耗地區則應更多地依靠市場化的節能手段，承擔較高的節能目標任務。

7.2 實行區域差別化的工業節能政策組合

從本書第四章對中國工業節能影響因素的實證分析中我們可以看到，區域特徵、經濟發展水準、工業行業結構等因素典型地被刻畫在工業能源效率的形成路徑中，內在地決定了不同區域工業節能路徑的不同。在過去的兩個五年規劃期內，工業節能經濟機制的著力點放在了工業企業的規模整合和能耗准入方面，由於高耗能行業在中國工業內部佔有較高的份額，這樣的管控路徑迅速地反應在能耗強度的變化上。但是，從長期來看，來自規模技術效率變化的能耗降低忽略了結構變化和價格因素對能源效率的影響，當規模整合的效應釋放後，這樣的路徑就失去了可持續性。

在不同區域的工業節能政策組合設計上，要考慮不同區域的發展階段、增長模式以及技術水準等方面的差異。在工業累積基本完成的發達地區，由於普遍處於較高的節能技術水準，通過技術節能的空間十分有限，應該將節能路徑的方向放在對總量的控制上，通過加快三次產業結構和工業內部行業結構的調整、優化，提高市場配置資源的決定性作用。而在能源效率較低的欠發達地區，則將工業節能政策重點放在技術的改善方面，加速推進節能減排的技術創新、引進和擴散，優化企業的生產規模，提高產業的集聚水準，嚴格產業轉移的節能標準，通過行業技術效率提升和生產率的改善提高工業能源效率。

在經濟機制設計過程中，也要根據不同的區域特徵，設計不同的激勵、監督和懲罰措施。對發達地區要更加重視通過經濟槓桿引導節能市場發揮資源配置的作用，充分發揮懲罰的權威約束作用；對經濟欠發達地區，要加大激勵政策的支持補貼力度和節能工作的監督檢查，增強地方政府開展節能工作的積極性，強化對節能市場的監管和培育，逐漸形成有利於企業開展節能工作的市場和社會環境。

從時間維度來看，不同時間階段的激勵約束政策及力度也要有所區別。在

節能初期，由於市場、政策、技術及環境不成熟，應該加大激勵力度，採用風險共擔機制，而到了工業節能中後期，應當降低激勵力度，採用市場手段推動節能。為了降低外部不確定性的消極影響，在觀察企業的努力水準時可以引入可參照變量，根據外部不確定性程度的大小，增加或者減小激勵強度。

7.3 節能管制體系重心由橫向向縱向轉移

本書第五章分析了當前節能約束體系及政策著力點。我們知道，當前中央政府的節能管制體系主要由各級地方政府從橫向的維度展開監管，對節能指標的完成情況也以各級人民政府為主要考核對象。在高度分權的行政管理體制下，這樣的管制和考核體系能夠保證節能約束的力度和效果，但這樣的橫向約束容易形成分權制度下的地方市場分割，區域經濟保護壁壘也會導致工業領域的重複建設和盲目投資。總的宏觀節能量目標完成，但微觀的能源效率改善不夠，特別是分行業和產品的能源效率總體改善程度不一。如前文所述，比較優化的節能管制體系是，根據不同產業或行業的屬性，制定反應本行業特徵和產品技術屬性的節能減排目標，並設計相應的約束機制和激勵政策，進而以縱向行業為維度對微觀企業進行能效的監管。從長期來看，工業節能管制主體由橫向的地方政府轉移到縱向的部、委、局及行業協會是未來工業節能發展的趨勢，這樣更有利於打破地區和行業的限制，實現全國範圍內的有效佈局和競爭，實現生產要素的自由流動。從短期來看，如果節能約束的管制主體仍然為各級政府的話，那麼必須改變對政府的績效考核體系，加大生態環境、公共服務、產業結構等指標的權重，逐漸扭轉地方政府對高耗能行業的增長偏好，調整地方財政過度依賴總量增長的模式，引導地方政府的投資偏好向有利於結構改善的方向發展，從而形成推動節能目標實現的良好機制。節能管制主體由橫向到縱向的轉移需要一個過程，厘清政府的職能邊界、要素配置領域行政干預的退出、配套政策的出抬和執行等都影響著轉移的進度。

7.4 完善節能經濟機制的基礎配套措施

節能經濟機制的設計及調控政策的出抬都離不開基礎的數據統計，當前的能源數據統計雖然已經形成了一定的體系，但是仍存在統計對象偏少、統計口

徑過寬、統計指標不全等問題。應當加強能源統計體系建設，擴大統計範圍，細化統計指標到產品、行業、結構和環境層面，形成指標之間的關聯和配合，完善行業、結構和環境數據對能耗數據的倒逼機制，進一步明確能源統計實施主體和監管機構的職責，增強數據發布的準確性和權威性，提升能源統計數據體系的糾偏和修正能力。

推進生態和環境成本的價格化。在本書的實證分析部分，短期內能源價格的提升並沒有對能源效率產生正向影響作用，但是從長遠來看，將生態和環境成本納入產品的價格中，有利於積極推動節能量和排污權交易、碳排放稅、能源稅等環境計價政策，提高清潔能源的使用份額，優化能源結構。同時，相對價格的改變可以減少高耗能產品在貿易結構中的份額，抑制全球高耗能、高污染產業向中國轉移，從而推動產業結構的優化，而結構優化對能源效率的正向作用是十分顯著的。

此外，應做好產品節能能效標示、分級、環境認證、信息發布等基礎性配套工作，消除節能產品和技術應用推廣過程中的信息不對稱，完善合同能源管理、節能自願協議等，提升社會公眾的節能意識，形成全社會支持節能的氛圍。

7.5 分區域工業節能政策建議

本書第三章對中國工業能源效率是否存在區域收斂性進行了檢驗，結果表明，東部地區和中部地區存在 σ 收斂，東、中、西部都存在條件 β 收斂，中部地區存在絕對 β 收斂和俱樂部收斂。也就是說，中國的能源效率存在較為顯著的空間依賴性，這種空間維度的地理集聚特徵意味著相鄰地區的能源效率提升能夠促進本地區能源效率的提升。因此，國家在制定節能政策時，應當充分考慮這種收斂效應，根據不同的區域合理配置政策資源，實現政策的最大收益。

7.5.1 東部地區

東部地區包括北京、天津、上海、浙江、廣東、遼寧等處於東部沿海的11個省份。東部地區的經濟發展水準處於領先地位，能源效率、節能科技水準等都高於全國平均水準，整體區域優勢比較明顯。對東部地區的主要政策建議如下：

（1）培育產業集群，深化工業結構調整

進一步運用高新信息技術推動傳統優勢產業的改造升級，提高產品研發能力，增加工業產品的附加值，進一步淘汰落後的工業產能，加快工業內部的結構調整，深入實施工業化、信息化的「兩化融合」工程，推動東部工業整體向高端化發展。培育東部工業產業集群是優化東部工業結構的有效路徑。產業集群的培育有利於進一步提升東部地區的產業競爭力。東部地區可以通過打造品牌戰略、培育要素市場、改革項目創新機制、擴大對外開放水準等方式引導產業集聚，通過政策引導、制度保障、產業鏈延伸、專業化發展等提升產業集群的質量。

（2）充分利用經濟槓桿，發揮經濟機制作用

東部地區具有較好的市場基礎，應當充分發揮財政稅收、信貸融資等經濟槓桿的激勵、引導作用，設計激勵相容的經濟機制，提升地方政府和企業開展工業節能的目標達成度。進一步拓寬節能減排資金的來源渠道，切實增加對工業節能工作的財政政策引導。進一步完善環境消費稅，改革現有的環境收費制度，完善有利於工業企業開展節能改造的稅收優惠制度。對於國內自主創新的節能產品，政府可以優先考慮支持採購，支持自主知識產權產品的市場化應用。通過研發投入稅收優惠、固定資產投入加速折舊等方式，引導企業積極開展節能技術創新和自主研發投入；通過鼓勵或者補貼消費者使用工業節能產品，擴大工業節能產品的市場佔有率；通過能源資源循環利用的優惠政策，引導企業積極開展能源資源的綜合利用和循環利用。創新東部地區金融制度和服務體系，對於節能項目，適當加大政策性金融支持力度，擴大信貸投入，提升資本利用率。同時，由於東部具有較好的市場環境，要更加注重利用市場化的機制配置資源，發揮金融對節能減排的支撐、引導作用。

（3）提升技術水準，增強自主創新能力

中國的科技創新能力還有待提高，創新機制有待完善，節能技術總體水準不高，東部地區應當承擔起自主創新的重任，積極探索以創新提升節能效果、推動經濟增長的路徑。紡織、輕工、機械、冶金、化工等行業是東部地區經濟增長的基礎，但同時也是能源消耗和污染物排放的主要行業，要注重這些產業的技術改造升級，提高傳統優勢產業的持續競爭力。通過行業關鍵技術的重點突破，培育自主創新的國內外知名產品，打造特色鮮明、技術領先、優勢突出的高新技術企業群。具體而言，東部地區要著力研究節能減排高新技術，重視紡織、食品、化工、汽車、家電等優勢工業的質量提升、品種豐富、節能減排、生產率改善等，著力推動生物工程、新能源、電子信息、新材料等能源消

耗低、環境污染少、產品附加值高的行業的發展。此外，東部地區還應在煤炭清潔利用、可再生能源開發利用等的研究和推廣方面發揮好領頭的作用。

7.5.2 中部地區

中部地區一方面要承接來自東部和全球的產業分配轉移，另一方面還要承接來自西部的人口轉移，而且中部地區大部分為重工業或者能源生產省份，工業節能的壓力比東部和西部地區更大，制定合理的工業節能戰略規劃十分重要。

（1）抓住承接東部產業及資本轉移的機遇，優化中部產業結構

中部地區在經濟發展水準上比東部落後，但近年來，中部地區由於地理條件、總體成本低、配套水準較強、供給相對充裕、規劃較為靠前等優勢，成了東部產業和資本轉移的重要區域。中部地區應抓住機遇，對區域內的落後產能進行淘汰和升級，同時，對東部地區轉移的新產能實行嚴格的准入標準，明確要求節能減排、資源回收及綜合利用等強制標準，提升產業的能源利用效率和科技水準，促進工業產業內部行業結構的優化。中部地區還要抓住機遇發展新興產業，在經濟全球化的當下，中部地區在進行產業佈局時不僅要著眼於國內市場，更要放眼於國際市場，立足自身資源優勢，著力培育新興產業，續接原有的產業鏈條，將傳統的比較優勢轉化為市場的競爭優勢。

（2）完善能源資源市場化機制，提升能源資源利用效率

中部地區作為中國的能源基地，具有較為豐富的化石能源，在發展經濟的過程中，要避免簡單的有什麼發展什麼的資源導向路徑，而應堅持以市場為導向，利用市場、信息、自然資源等多種因素，充分體現價值規律的作用，提高能源資源的利用效率。在開發化石能源的同時，應綜合開發生態資源、氣候資源、農業資源等，在開發層次方面，應由初級產品開發，向規模發展、綜合利用、附加增值等方面轉變。對於資源禀賦優越的地區，可以通過產業滾動的發展模式開發資源，在規劃產業佈局的時候，根據區域資源情況，選準啟動的產業，對產業發展順序進行優化，如貿易-工業-旅遊，旅遊-工業-貿易或者農業-貿易-工業等產業順序。還可以通過主導產業帶動的模式開發資源，這種模式要注意資源的配置，對國有企業和地方企業之間的界限要有明晰的界定，避免產生矛盾或不合理的競爭。對中央和地方的稅收要有合理的比例，避免資源富集區域開發效益逆向流轉。

（3）提高能源利用效率，發展循環經濟企業

中部地區的能源及礦產企業較多，且都是能耗高、污染物排放量較大的企

業。培育一批循環經濟企業，對提高能源資源利用效率具有十分重要的意義。所謂循環經濟，就是將社會生產的各個單元有機地聯繫起來，形成一個相互利用的完整生產鏈，一個單元的廢料可以作為下一個單元的生產原料，讓所有的材料都能得到高效的利用。具體而言，在中部地區培育循環經濟企業，就是提高工業廢氣、廢水和固體廢物的利用率，讓煤炭等重點行業的資源利用水準得到較大幅度的提升，在鋼鐵、有色、化工、建材、煤炭等工業行業裡採用清潔技術，對生產工業和產品結構進行優化，降低能耗，減少污染物排放，建設生態環保、循環利用的工業園區，促進能源資源節約和環境協調發展。

(4) 培育產業集群，拉長資源產業鏈

產業集群的發展有利於區域間資源的有效配置和分工佈局，在一定程度上能夠避免產業結構的重複和趨同，對中部產業結構調整、能源資源節約和可持續發展具有十分重要的意義。由於條塊管理體制等原因，中部地區的產業佈局大多呈垂直分工狀態，即能源資源型城市主要發展能源資源產業或者初級原材料工業，而其他區域則發展資源加工產業，這種垂直的分工對資源型城市的經濟發展十分不利。因此，在下一步的發展中，中部地區資源型城市須致力於產業鏈條的延伸，著力於資源的深加工，提高資源產品附加值，確保中部經濟增長的可持續性。在產業的選擇和培育上，要考慮當前利益，更要著眼於未來的發展和市場的長期需求，提早規劃產業的方向和佈局，及時應對市場需求變化，根據需求變化研發新產品、培育新產業，占領更多的市場份額。

7.5.3 西部地區

西部地區的經濟長期以來處於較為落後的水準，面臨著較大的經濟發展壓力，但隨著西部大開發步伐的加快，加上其本身的資源儲備、地域面積、生態環境及後發優勢等，西部地區的工業節能潛力十分巨大。

(1) 完善財稅優惠政策，加大政策扶持力度

西部地區在國家的產業佈局上，為了保護生態環境犧牲了一定程度的經濟發展，因此，國家應當在財政補貼和稅收優惠方面給予部分傾斜和適當的補償。要進一步完善西部財政轉移支付政策，適當增加一般性財政轉移支付，同時，建立用於節能減排的專項轉移支付政策，鼓勵西部地區將節能減排、生態修復、能源結構調整、基礎設施建設等結合起來，創新財政補貼、稅收優惠及貸款貼息的手段，發揮扶持優惠政策的引導、激勵效果。在引導節約能源的同時，加大對西部重工業污染物的防治力度，建立雅魯藏布江、長江等源頭保護

專項基金，用於西藏、青海、四川等區域的環保補貼和資金投入，保證國家財政專項資金的落實到位和配套到位，完善西部區域公共服務體系，培育重大產業化的項目建設，促進西部節能減排和經濟可持續發展。

(2) 完善生態補償機制，推進西部地區節能減排

西部地區面積廣闊，部分區域森林、草原和濕地覆蓋，自然環境較好，但還有大部分區域水資源匱乏、植被稀疏、水土流失嚴重。要進一步完善西部的生態補償機制，將行政手段和市場手段相結合，統籌考慮西部地區的經濟發展、生態服務價值、機會成本等，兼顧長遠發展和地方需求，建立完善生態環境的破壞者和受益者都為之付費，能源資源保護者和生態環境修復者得到適當補償的經濟政策。對於高效開發利用能源資源的企業，要給予稅收優惠或一定的補償費，調整稅收額度，將資源稅的範圍擴展到森林、濕地、草原、礦產等，將能源使用、資源開採帶來的環境排放成本納入政策考慮範圍。

(3) 適度開發西部能源資源，保證可持續發展

隨著西部大開發的加速推進，大量的能源資源開發項目在西部地區開展。要處理好規模效益與開發強度之間的協調關係，既要保證規模效益的優勢，又要注意開發利用的適度，避免資源枯竭和不可持續發展的不良後果。要進一步完善能源資源的價格改革機制，形成體現市場需求、能源資源稀缺程度、環境保護成本的定價機制，在能源資源產品的成本價格核算體系中，將產權取得、基礎設施、環境治理、企業退出或者轉向等費用納入考慮，避免內部成本外部化，或者個體成本社會化的現象。同時，在當前的城市經濟核算中要考慮能源資源的價值，以充分反應西部地區能源資源消耗與經濟增長的實際水準和相互關係，確保能源資源開發利用與經濟增長的協調和平衡。

(4) 依託區域特殊資源，發展西部特色經濟

結合西部地區自身的資源優勢，發展節能、低碳、環保產業，在節約能源、保護生態環境的同時增強自身發展能力。利用傳統的農業基礎，發展特色農業經濟，培育精細化、特色化的農產品和禮品；利用西部農村的特色歷史建築以及剪紙、木雕、泥塑、刺繡、編織等特色，打造歷史人文品牌；利用獨特的草原、森林、冰川、雪山、湖泊等自然資源，以及少數民族聚居地等獨特的人文資源，發展低碳環保的西部特色旅遊經濟。同時，由於西部地區擔負著生態環境安全的責任，不宜像東部或中部地區那樣進行大規模的產業集聚，應當考慮在西部的幾個重點城市區域設立專門的產業聚集區，接納西部其他區域的產業和人口轉移，形成具有較強輻射能力的產業聚集地，既可以實現要素資源

的合理配置，又可以保護其他地區的生態收益。國家要統籌考慮西部、中部和東部地區的發展，中部和東部地區作為生態環境的受益方，應與西部地區一起，在相互合作、共同發展方面創造有利條件。國家應當在財政轉移支付和生態補償之外，設立專門針對西部地區的產業扶持基金，鼓勵西部地區利用自身資源優勢發展特色產業。

8 結論與方向

8.1 主要研究結論

  本書從中國工業能源消費和能耗強度歷史數據及現實問題出發，通過省際空間區域的樣本實證分析，檢驗了不同因素對工業能源效率的作用機制和影響方向，在思考和評價當前工業節能經濟機制的基礎上，建立工業節能經濟機制設計的模型，並提出有針對性的政策建議。本書的主要結論如下：

  第一，採用 SSBM-DEA 模型，以省際空間的數據為樣本，測算出全國和各省份的工業能源效率數據，根據測算結果，只考慮國內（地區）生產總值的工業能源效率與包含非合意產出二氧化碳的工業能源效率相比，前者的值要高於後者，不包括非合意產出的工業能源效率被高估，全國和各省份能源效率的提升還有很大的空間。兩種算法的結果表明，中國的工業能源效率還有25%~48%的提升空間。

  第二，在對各區域工業能源效率的收斂性分析中，中部地區存在絕對 β 收斂，也就是說，隨著時間的推移，能源效率較低的省份增長速度會高於能源效率較高的省份，能效之間的差異逐步縮小並最終趨於穩定。東部地區和中部地區存在 σ 收斂，即隨著時間的推移，這兩個地區的省份最終的能效水準會趨於相同。東、中、西部都存在條件 β 收斂，即隨著時間的推移，各區域之間會趨於各自的穩態，三者的趨穩速度分別為 19.28%、11.42% 和 7.91%。在三個區域中，只有中部地區存在俱樂部收斂。

  第三，通過構建工業能源效率影響因素的面板模型，分析了技術進步、產業結構及調整、經濟水準、能源價格變化、市場化程度等12個因素對工業能源效率的影響方向和作用機制。結果表明，結構調整、經濟發展水準、市場化程度、貿易進口額等因素對工業能源效率呈顯著正向影響。而能源價格、技術

進步、FDI 流入等因素的實證結果與預期的有差異。本書再進一步通過劃分不同能效區域並改變部分樣本表徵進行比較研究，發現在不同的能效區域，各影響因素的作用機制呈現不同的軌跡，這樣的現實要求我們在經濟機制設計的過程中，必須根據不同的區域特徵制定有差異的節能目標和節能政策。

第四，在前文影響因素刻畫的能源效率演化機制基礎上，通過梳理當前工業節能經濟機制的形成和實施路徑，找尋近年來中國能耗強度變化的政策著力點，從目標指標選取、目標確定和分解、節能路徑等方面審視當前節能經濟機制是否具有長效性。以能耗強度為節能指標、目標確定過程和維度單一、平均分解的目標體系、追求短期內大幅度下降的能耗曲線等機制措施忽略了區域特徵和發展階段，不利於工業節能總體目標的實現。

第五，政府最優的經濟機制設計應該是讓參與工業節能主體認為，如實報告自己的私人信息是在這個機制中比較占優的策略均衡，在這樣的機制下，即使每個參與主體按照自身效用最大化的原則選擇個體目標，總體預期的經濟社會目標也能夠得以實現，且經濟機制本身的收益和成本是均衡的。本書通過建立不同的機制模型表明，節能主體之間存在互動博弈機制，必須通過激勵、監督和懲罰來引導約束節能主體參與節能工作。在節能初期，由於市場、政策、技術及環境不成熟，應該加大激勵力度，採用風險共擔機制，而到了工業節能中後期，應當降低激勵力度，採用市場手段推動節能。為了降低外部不確定性的消極影響，在觀察企業的努力水準時可以引入可參照變量，根據外部不確定性程度的大小，增加或者減小激勵強度。節能目標設計機制包含激勵相容的機制、分散決策的機制和信息有效的機制三個模塊。確定節能目標的信息空間維度不能是一維的，步驟過程也不能只是單向的，而要根據機制成本恰當選擇節能目標確定的信息空間維度，並根據參數傳遞的實際情況選擇確定節能目標的步驟。

第六，中央政府制定的節能約束指標應該從「能耗強度」轉變為基於投入產出的「能源效率」，節能目標應該根據區域特徵和發展階段有針對性地進行制定和分解。西部地區由於國家產業佈局、資源稟賦以及發展階段，短期內應該以節能管制為主，輔之以較低的節能目標和力度較大的激勵政策。東部地區由於產業發展均衡，工業化程度較高，應該承擔較多的節能任務，並以市場化的方式推動節能。橫向管理規模整合的路徑帶來了總體節能目標的實現，但實際微觀能效的改善效果不夠，節能管制要從橫向的政府向縱向的行業轉變，實現全國範圍內的佈局和要素流動，減少區域之間的壁壘障礙。要在主體經濟機制設計的基礎上，完善節能統計、監測、能效標示、信息管理發布、價格改革等配套措施，形成推動工業節能的合力。

8.2 繼續研究方向

本書從現實存在的問題出發對中國工業節能經濟機制進行研究和設計，雖然試圖找尋不同的影響因素對工業能源效率的作用軌跡，但實證的結果卻表明，模型對不同的樣本和指標選取表現出高度的敏感性，對於經濟結構、技術創新、能源價格、市場化程度等在工業能源效率變化曲線中的作用軌跡，從任何單一的研究角度都無法對其進行準確的衡量和描述，而需要多角度、多層面的研究、關聯和印證才能更好地解釋其作用。由於筆者理論水準和研究能力有限，研究存在以下不足之處，這也是下一步要繼續研究的方向：

第一，本書的實證模型以工業部門的能效數據為研究對象，數據的選取主要基於橫向的省際區域空間角度，對縱向的工業內部分行業數據的研究不足，而分行業的節能管制和效率提升是未來節能經濟機制作用發揮的方向。因此，在下一步的研究中，應當增加對工業內部不同行業的能源效率變化情況的分析和研究，縱橫結合的數據更能夠說明不同因素對工業能源效率的影響水準和路徑。

第二，在對當前能耗變化曲線和經濟機制作用的梳理過程中，大部分數據來自國家統計局網站或能源統計年鑒，由於缺乏更為微觀的統計數據，本書在對當前經濟機制的思考、評價中，能夠認識到當前具體問題的存在，但更為翔實的數據支撐顯得不足。在將來的研究中，應當更多地關注微觀數據的搜集，或者增強數據之間的加工處理和邏輯印證，以提高理論觀點的說服力。

第三，在第六章對工業節能經濟機制設計的研究中，由於相關文獻不多，特別是有關經濟機制如何作用於工業節能領域的文獻非常少，本書雖力圖從宏觀的角度來總體設計工業節能的經濟機制，但對機制設計的算法和成本效益均衡控制的方法等方面的論述仍顯不足。本書設計了與經濟機制有關的激勵、監督、懲罰等組合模型，但是由於時間關係未能將現有的政策納入模型進行分析，在下一步的研究中，可以在本書計量實證研究的基礎上，對現有的工業節能政策進行梳理和分類，增加現行典型政策的經驗實證研究，提升模型設計的科學性和可信度。

參考文獻

[1] ABBOTT. The productivity and efficiency of the Australian electricity supply industry [J]. Energy Economics, 2006, 28 (4): 444-454.

[2] ANG B W, ZHANG F Q. A survey of index decomposition analysis in energy and environmental studies [J]. Energy, 2000, 25 (12): 1149-1176.

[3] ANG B W. Decomposition of industrial energy consumption: the energy intensity approach [J]. Energy Economics, 1994, 16 (3): 163-174.

[4] ASAFU A J. The relationship between electricity consumption, electricity price and economic growth: time series evidence from Asian developing countries [J]. Energy Economics, 2000, 22: 615-625.

[5] BANKER R D, CHARNES A, COOPER W W. Some models for estimating technical and scale inefficiencies in data envelopment analysis [J]. Management Science, 1984, 30: 1078-1092.

[6] BAUMOL W J. Productivity growth, convergence, and welfare [J]. American Economic Review, 1986, 76 (5): 1072-1085.

[7] BENTZEN J, ENGSTED T. Short- and long-run elasticities in energy demand: a co-integration approach [J]. Journal of Energy Economics, 1993, 16 (2): 139-143.

[8] BERNDT E R, WOOD D O. Technology, prices, and the derived demand for energy [J]. Review of Economics and Statistics. 1975, 57 (3): 259-268.

[9] BRANNLUND R, GHALWASH T, NORDSTROM J. Increased energy efficiency and the rebound effect: Effects on consumption and emissions [J]. Energy Economics, 2007, 29 (1): 1-17.

[10] CAGATAY T, VOYVODA E, YELDAN E. Economics of environmental policy in Turkey: a general equilibrium investigation of the economic evaluation of

sectoral emission reduction policies for climate change [J]. Journal of Policy Modeling, 2008, 30 (2): 321-340.

[11] CECILIA K L. Estimating cross-country technical efficiency, economic performance and institutions-a stochastic production frontier approach [C]. In Proceeding of 29th General Conference, Finland: Joensuu, 2006.

[12] CHENG B S, LAI T W. An investigation of co-integration and causality between electricity consumption and economic activity in Taiwan [J]. Energy Economics, 1997, 19 (4): 435-444.

[13] DASGUPTA P, HAMMOND P, MASKIN E. The implementation of social choice rules: some general results on incentive compatibility [J]. Review of Economic Studies, 1979, 46 (2): 181-216.

[14] EASTWOOD R K. Macroeconomic impacts of energy shocks [J]. Oxford Economic Papers, 1992, 44 (3): 403-425.

[15] FAN Y, LIAO H, WEIO Y M. Can market oriented economic reforms contribute to energy efficiency improvement? Evidence from China [J]. Energy Policy, 2007 (35): 2287-2295.

[16] FENG H, QINGZHI Z, JIASU L, et al. Energy efficiency and productivity change of China's iron and steel industry: accounting for undesirable outputs [J]. Energy Policy, 2013 (54): 204-213.

[17] FINN M G. Perfect competition and the effects of energy price increases on economics activity [J]. Journal of Money, Credit and Banking, 2000, 32 (3): 235-287.

[18] FISHER-VANDEN K, JEFFERSON G H, LIU H M. What is driving China's decline in energy intensity? [J]. Resource and Energy Economics, 2004, 26 (1): 77-97.

[19] FISHER-VANDEN K, JEFFERSON G H, MA J K. Technology development and energy productivity in China [J]. Energy Economics, 2006, 28 (5): 690-705.

[20] FISHER-VANDEN K, JEFFERSON G H. Technology diversity and development: evidence from China's industrial enterprises [J]. Journal of Comparative Economics, 2008, 36 (4): 658-672.

[21] GARBACCIO R F, HO M S, JORGENSON D W. Controlling carbon emissions in China [J]. Environment and Development Economics, 1999 (4):

493-518.

[22] GHALI K H, EL-SAKKA M I T. Energy use and output growth in Canada: a multivariate cointegration analysis [J]. Energy Economics, 2004, 26 (2): 225-238.

[23] GIBBARD A. Manipulation of voting schemes: a general result [J]. Econometrica, 1973, 41 (4): 587-602.

[24] GIGII K, SANTON D H. The causal relationship between energy and GNP: compared study [J]. Energy Economics, 1986, 2.

[25] GILBERT R J, MORK K A. Efficient pricing during oil supply disruptions [J]. Energy Journal, 1986, 7 (2): 51-68.

[26] GLASURE Y U, LEE A R. Cointegration, error-correction and the relationship between GDP and electricity: the case of South Korea and Singapore [J]. Resource and Electricity Economics, 1997, 20: 17-25.

[27] GRONWALD M. Large oil shocks and the U.S. economy: infrequent incidents with large effects [J]. Energy Journal, 2008, 29 (1): 161-171.

[28] HAMILTON J D. Oil and the macroeconomy since World War II [J]. Journal of Political Economy, 1983, 91 (2): 228-248.

[29] HAMILTON J D. What is an oil shock? [J]. Journal of Econometrics, 2000, 113 (2): 363-398.

[30] HANNESSON R. Energy use and GDP growth, 1950—1997 [J]. OPEC Review, 2002, 26 (3): 215-233.

[31] HARRIS M, TOWNSEND R. Resource allocation under asymmetric information [J]. Econometrica, 1981, 49: 33-64.

[32] HICKS J. The theory of wages [M]. London: Macmillan, 1963.

[33] HOOKER M. What happened to the oil price-macroeconomy relationship? [J]. Journal of Monetary Economics, 1996, 38 (2): 195-213.

[34] HU J L, WANG S C. Total factor energy efficiency of regions in China [J]. Energy Policy, 2006, 34 (17): 3206-3217.

[35] HU J L, KAO C H. Efficient energy-saving targets for APEC economies [J]. Energy Policy, 2007, 35 (1): 373-382.

[36] HURWICZ L. Optimality and informational efficiency in resource allocation processes [J]. Mathematical Methods Social Sciences, 1960, 89 (353): 27-46.

[37] HURWICZ L. On informationally decentralized systems [J]. Decision and Organization, 1972: 297-336.

[38] HWANG D B K, GUM B. The causal relationship between energy and GNP: the case of Taiwan [J]. The Journal of Energy and Development, 1992, 16 (2): 219-226.

[39] JENNE C A, CATTELL R K. Structural change and energy efficiency in industry [J]. Energy Economics, 1983, 5 (2): 114-123.

[40] JORGENSON D W, WILCOXON P J. Energy, the environment, and economic growth [M] // Handbook of Nature Resource and Energy Economics, Elsevier, 1993.

[41] KLEIN Y L, ROBISON H D. Energy efficiency, fuel switching and environmental emissions: the case of high efficiency furnaces [J]. Southern Economic Journal, 1992, 58 (4): 1088-1094.

[42] LEE C C, CHANG C P. Energy consumption and economic growth in Asian economies: a more comprehensive analysis using panel data [J]. 2008, 30 (1): 50-65.

[43] LEE C C, CHANG C P, CHEN P F. Energy-income causality in OECD countries revisited: the key role of capital stock [J]. Energy Economics, 2008, 30 (5): 2359-2373.

[44] LISE W K, MONTFORT V. Energy consumption and GDP in Turkey: is there a cointegration relationship [J]. Energy Economics, 2007 (6): 1166-1178.

[45] MADDISON A. Growth and slowdown in advanced capitalist economics: techniques of quantities assessment [J]. Economics Literature, 1987 (25): 649-698.

[46] MARKANDYA A, PEDROSO-GALINATO S. Energy intensity in transition economies [J]. Energy Economics, 2006, 28 (1): 121-145.

[47] MARKANDYA A, PEDROSO S, GOLUB A. Empirical analysis of national income and SO_2 emissions in selected European countries [R]. Working Paper, 2004.

[48] MASIH R, MASIH A M M. Stock-Watson dynamic OLS (DOLS) and error-correction modeling approach to estimating long-run and short-run elasticities in a demand function: new evidence and methodological implication from an application to the demand for coal in mainland China [J]. Energy Economics, 1996, 18:

315-334.

[49] MAUDOS J, PASTOR J M, SERRANO L. Human capital in OECD countries technical change efficiency and productivity [J]. International Review of Applied Economics, 2003, 17 (4): 419-435.

[50] MIELNIK O, GOLDEMBERG J. Converging to a common pattern of energy use in developing and industrialized countries [J]. Energy Policy, 2000, 28 (8): 503-508.

[51] MIELNIK O, GOLDEMBERG J. Foreign direct investment and decoupling between energy and gross domestic product in developing countries [J]. Energy Policy, 2002, 30 (2): 87-89.

[52] MORK KNUT A. Oil and the macroeconomy when prices go up and down: an extension of Hamilton's results [J]. Journal of Political Economy, 1989, 97 (3): 740-744.

[53] MORT W, JOHN R. Autonomous efficiency improvement or income elasticity of energy demand: does it matter? [J]. Energy Economics, 2008, 30 (6): 2785-2798.

[54] MYERSON R. Incentive compatibility and the bargaining problem [J]. Economitria, 1979, 47 (1).

[55] MYERSON R. Optimal coordination mechanisms in generalized principal-agent problems [J]. Journal of Mathematical Economics, 1982, 10 (1).

[56] MYERSON R. Multistage games with communication [J]. Econometrica, 1986, 54 (2).

[57] OH W, LEE K. Causal relationship between energy consumption and GDP revisited: the case of Korea 1970—1999 [J]. Energy Economics, 2004 (26): 51-59.

[58] PATTERSON M G. What is energy efficiency? concepts, indicators and methodological issues [J]. Energy Policy, 1996, 24 (5): 377-390.

[59] PAUL B. Causality between energy consumption and economic growth in India: a note on conflicting results [J]. Energy Economics, 2004 (26): 977-983.

[60] PESARAN M H, SHIN Y, SMITH R. Bounds testing approaches to the analysis of level relationships [J]. Journal of Applied Econometrics, 2001 (16): 289-326.

[61] PINDYCK R S. Interfuel substitution and the industrial demand for

energy: an international comparison [J]. Review of Economics and Statistics, 1979, 61 (2): 169-179.

[62] PITTMAN R W. Multilateral productivity comparisons with undesirable outputs [J]. The Economic Journal, 1983, 93 (372): 883-891.

[63] POPP D. Induced innovation and energy prices [J]. The American Economic Review, 2002, 92 (1): 160-180.

[64] RASCHE R H, TATOM J A. The effects of the new energy regime on economic, capacity, production and prices [J]. Federal Reserve Bank of St. Louis Review, 1977, 59 (4): 2-12.

[65] RODNEY S. Road transport energy demand in Australia: a co-integration approach [J]. Energy Economics, 1995, 17 (4): 329-339.

[66] ROTEMBERG J J, WOODFORD M. Imperfect competition and the effects of energy price increases on economic activity [J]. Journal of Money, Credit and banking, 1996, 28 (4): 549-577.

[67] SHI G, BI J, WANG J. Chinese regional industrial energy efficiency evaluation based on a DEA model of fixing non-energy inputs [J]. Energy Policy, 2010, 38 (10): 6172-6179.

[68] SILK J I, JOUTZ F L. Short and long-run elasticities in US residential electricity demand: a co-integration approach [J]. Energy Economics, 1997, 19 (4): 495-513.

[69] SOLOW R M. A contribution to the theory of economic growth [J]. Quarterly Journal of Economics, 1956, 70 (1): 65-94.

[70] SOYTAS U, SARI R. Energy consumption and GDP: causality relationship in G-7 countries and Emerging Marking [J]. Energy Economics, 2003, 25 (1): 33-37.

[71] WEI C, SHEN M H. Impact factors of energy productivity in China: an empirical analysis [J]. Chinese Journal of Population, Resources and Environment, 2007, 5 (2): 28-33.

[72] WEI Y M, LIANG Q M, YING F A. Scenario analysis of energy requirements and energy intensity for China's rapidly developing society in the year 2020 [J]. Technological Forecasting and Social Changes, 2006, 73 (4): 405-421.

[73] World Bank. The cost of pollution in China [M]. Washington: World Bank Publication, 2009.

［74］YANG H Y. A note on the causal relationship between energy and GDP in Taiwan ［J］. Energy Economics, 2000, 22 (3): 309-317.

［75］YANG H Y. A note on the causal relationship between energy and GNP: further results ［J］. Energy Economics, 2000 (6): 168-190.

［76］YU E S H, HWANG D B K. The relationship between energy and GNP based on new sample ［J］. Journal of Energy and Development, 1984 (4): 221-229.

［77］YU E S H, JIN J C. Cointegration tests of energy consumption, income and employment ［J］. Resources and Energy, 1992 (14): 259-266.

［78］YU EDEN S H, BEEN-KWEI H. The relationship between energy and GNP: further results ［J］. Energy Economics, 1984, 6 (3): 186-190.

［79］YU E S, CHOI J Y. The causal relationship between energy and GNP: an international comparison ［J］. Journal of Energy and Development, 1985, 10 (2): 249-272.

［80］ZHANG Z X. Why has the energy intensity fallen in China's industrial sector in the 1990's? the relative importance of structure change and intensity change ［J］. Energy Economics, 2003, 25: 625-638.

［81］白重恩, 錢震杰, 武康平. 中國工業部門要素分配份額決定因素研究 ［J］. 經濟研究, 2008 (8): 16-18.

［82］白洋. 促進低碳經濟發展的財稅政策研究 ［D］. 北京: 中國社會科學院, 2014.

［83］畢井泉. 發揮價格槓桿作用 促進節能減排目標的實現 ［J］. 價格理論與實踐, 2007 (6): 4-5.

［84］蔡昉, 都陽, 王美豔. 經濟發展方式轉變與節能減排內在動力. 經濟研究, 2008 (6): 4-11.

［85］陳好孟. 金融支持節能減排問題探討 ［J］. 中國金融, 2007 (22): 63-64.

［86］陳培友, 劉璐. 基於PSO-SVR模型的能源需求預測 ［J］. 經營與管理, 2014 (3): 85-87.

［87］陳詩一. 節能減排與中國工業的雙贏發展: 2009—2049 ［J］. 經濟研究, 2010 (3): 129-143.

［88］陳詩一. 能源消耗、二氧化碳排放與中國工業的可持續發展 ［J］. 經濟研究, 2009 (4): 41-55.

[89] 陳詩一. 中國工業分行業統計數據估算 1980—2008 [J]. 經濟學 (季刊), 2011 (4): 735-772.

[90] 陳衛東, 朱紅杰. 基於粒子群優化算法的中國能源需求預測 [J]. 中國人口・資源與環境, 2013, 23 (3): 39-43.

[91] 程恩富. 馬克思主義經濟學與應用經濟學創新 [M]. 北京: 經濟管理出版社, 2009.

[92] 程志剛, 韓佳佳, 孫翔. 中國能源消費與經濟增長的內在關係實證研究 [J]. 經濟研究導刊, 2014 (9): 6-7.

[93] 從威, 屈丹丹, 孫清磊. 環境質量約束下的中國能源需求量研究 [J]. 中國能源, 2012, 34 (5): 35-38.

[94] 崔和瑞, 王娣. 能源消費與經濟增長動態關係比較研究 [J]. 統計與決策, 2009 (12): 83-85.

[95] 崔民選. 2007 中國能源發展報告 [M]. 北京: 社會科學文獻出版社, 2007.

[96] 戴彥德, 朱躍中. 應慎重看待能源效率水準評價的國際比較 [J]. 石油與化工節能, 2005 (4): 6-8.

[97] 戴彥德. 全面建設小康社會的能源需求與面臨的問題和挑戰 [J]. 石油石化, 2005, 13 (2): 5-8.

[98] 丹尼爾・波特金, 戴安娜・佩雷茨. 大國能源的未來 [M]. 草沐, 譯. 北京: 電子工業出版社, 2012.

[99] 德內拉・梅多斯, 等. 增長的極限 [M]. 於樹生, 譯. 北京: 商務印書館, 1984.

[100] 董利. 中國能源效率變化趨勢的影響因素分析 [J]. 產業經濟研究, 2008 (1): 8-19.

[101] 樊茂清, 任若恩, 陳高才. 技術變化、要素替代和貿易對能源強度影響的實證分析 [J]. 經濟學 (季刊), 2009 (4): 237.

[102] 高振宇, 王益. 中國能源生產率的地區劃分及影響因素分析 [J]. 數量經濟技術經濟研究, 2006 (9): 46-57.

[103] 龔強. 機制設計理論與中國經濟的可持續發展 [J]. 西北師大學報 (社會科學版), 2008 (2): 109-114.

[104] 郭琪. 公眾節能行為的經濟分析及政策引導研究 [M]. 北京: 經濟科學出版社, 2008.

[105] 國家節能中心. 中國節能報告 2014 [M]. 北京: 經濟科學出版

社，2014.

[106] 韓智勇，魏一鳴，範英. 中國能源強度與經濟結構變化特徵研究 [J]. 數理統計與管理，2004，23（1）：1-6.

[107] 韓智勇，魏一鳴，焦建玲，等. 中國能源消費與經濟增長的協整性與因果關係分析 [J]. 系統工程，2004（12）：17-21.

[108] 杭雷鳴，屠梅曾. 能源價格對能源強度的影響——以國內製造業為例 [J]. 數量經濟技術經濟研究，2006（12）：93-100.

[109] 杭雷鳴. 中國能源消費結構問題研究 [D]. 上海：上海交通大學，2007.

[110] 何楓，陳榮，何林. 中國資本存量的估算及其相關分析 [J]. 經濟學家，2003（5）：29-35.

[111] 何光輝，陳俊君，楊咸月. 機制設計理論及其突破性應用 [J]. 經濟評論，2008（1）：149-154.

[112] 何建坤，張希良. 中國產業結構變化對GDP能源強度上升的影響及趨勢分析 [J]. 環境保護，2005（12）：37-41.

[113] 何潔. 外商直接投資對中國工業部門外溢效應的進一步精確量化 [J]. 世界經濟，2000（12）：29-37.

[114] 何秀萍，柯俊. 內蒙古能源消費與經濟增長發展關係實證研究 [J]. 科學管理研究，2007，25（4）：117-120.

[115] 何祚庥，王亦楠. 中國與美國、日本能源利用效率的差距到底有多大？[J]. 中國科學院院士建議，2004（4）.

[116] 賀菊煌，沈可挺，徐篙齡. 碳稅與二氧化碳減排的CGE模型 [J]. 數量經濟技術經濟研究，2002（10）：39-47.

[117] 胡鞍鋼，鄢一龍，劉生龍. 市場經濟條件下的「計劃之手」[J]. 中國工業經濟，2010（7）：26-35.

[118] 胡鞍鋼，鄭京海，高宇寧，等. 考慮環境因素的省級技術效率排名（1999—2005）[J]. 經濟學（季刊），2008（3）：933-960.

[119] 胡彩梅. 中國區域能源消費與經濟增長關係——基於面板數據的實證分析 [J]. 經濟問題探索，2010（12）：77-81.

[120] 胡一帆，宋敏，鄭紅亮. 所有制結構改革對中國企業績效的影響 [J]. 中國社會科學，2006（4）：50-64.

[121] 黃飛. 能源消費與國民經濟發展的灰色關聯分析 [J]. 熱能動力工程，2001（1）：89-90.

[122] 黃英娜, 郭振仁, 張天柱, 等. 應用 CGE 模型量化分析中國實施能源環境稅政策的可行性 [J]. 城市環境和城市生態, 2005 (4): 18-20.

[123] 蔣金荷. 提高能源效率與經濟結構調整的策略分析 [J]. 數量經濟技術經濟研究, 2004 (10): 16-23.

[124] 蔣金荷. 中國碳排放量測算及影響因素分析 [J]. 資源科學, 2010, 33 (4): 597-604.

[125] 利奧尼德·赫維茨, 斯坦利·瑞特. 經濟機制設計 [M]. 田國強, 等譯. 上海: 格致出版社, 2014.

[126] 李斌, 彭星. 環境機制設計、技術創新與低碳綠色經濟發展 [J]. 社會科學, 2013 (6): 50-57.

[127] 李潔. 中國能源強度與經濟結構關係的數量研究 [D]. 成都: 西南財經大學, 2012.

[128] 李京文, 齊建國, 汪同三. 中國未來各階段經濟發展特徵與支柱產業選擇 [J]. 管理世界, 1998 (2): 89-101.

[129] 李力, 王鳳. 中國製造業能源強度因素分解研究 [J]. 數量經濟技術經濟研究, 2008 (10): 66-74.

[130] 李廉水, 周勇. 技術進步能提高能源效率嗎？基於中國工業部門的實證檢驗 [J]. 管理世界, 2006 (10): 82-89.

[131] 李世祥, 成金華. 中國工業行業的能源效率特徵及其影響因素——基於非參數前沿的實證分析 [J]. 財經研究, 2009 (7): 134-142.

[132] 李世祥, 成金華. 中國能源效率評價及其影響因素分析 [J]. 統計研究, 2008 (10): 18-25.

[133] 李巍巍, 施祖麟. 經濟機制設計理論評介 [J]. 數量經濟技術經濟研究, 1993 (9): 58-62.

[134] 李巍巍, 施祖麟. 計劃與激勵：經濟機制設計理論的模型方法及思考 [J]. 數量經濟技術經濟研究, 1994 (4): 54-60.

[135] 李小健. 基於灰色相對關聯度的中國能源消耗與經濟增長實證分析 [J]. 湖北社會科學, 2009 (7): 95-98.

[136] 李小勝, 張煥明. 中國經濟增長、污染排放與能源消費間動態關係研究——基於面板 VAR 模型的實證 [J]. 山西財經大學學報, 2013, 35 (11): 25-34.

[137] 李曉西, 林永生. 中國傳統能源產業市場化進程研究報告 [M]. 北京: 北京師範大學出版社, 2013.

[138] 李治國，唐國興. 資本形成路徑與資本存量調整模型［J］. 經濟研究，2003（2）：34-43.

[139] 梁廣華. 中國全要素能源效率測算方法研究——基於經濟平衡增長的思想［J］. 統計與信息論壇，2014，29（5）：25-30.

[140] 梁經緯，劉全蘭，柳洲. 基於半參數估計的能源消費與經濟增長關係研究［J］. 統計與信息論壇，2013，28（7）：49-53.

[141] 梁巧梅，魏一鳴，範英. 中國能源需求和能源強度預測的情景分析模型及其應用［J］. 管理學報，2004（1）：62-65.

[142] 林伯強，杜克銳. 要素市場扭曲對能源效率的影響［J］. 經濟研究，2013（9）：125-136.

[143] 林伯強，牟敦國. 能源價格對宏觀經濟的影響——基於可計算一般均衡（CGE）的分析［J］. 經濟研究，2008（11）：88-101.

[144] 林伯強，2010 中國能源發展報告［M］. 北京：清華大學出版社，2010.

[145] 林伯強. 電力消費與中國經濟增長：基於生產函數的研究［J］. 管理世界，2003（11）：18-27.

[146] 林伯強. 高級能源經濟學［M］. 北京：中國財政經濟出版社，2009.

[147] 林伯強. 結構變化、效率改進與能源需求預測——以中國電力行業為例［J］. 經濟研究，2003（5）：57-64.

[148] 林伯強. 中國電力工業發展：改革進程與配套改革［J］. 管理世界，2005（8）：65-79.

[149] 林伯強. 中國能源經濟的改革和發展［M］. 北京：科學出版社，2013.

[150] 林毅夫，劉培林. 中國的經濟發展戰略與地區收入差距［J］. 經濟研究，2003（3）：19-25.

[151] 劉長生，郭小東，簡玉峰. 能源消費對中國經濟增長的影響研究——基於線性和非線性迴歸方法的比較分析［J］. 產業經濟研究，2009（1）：1-9.

[152] 劉暢，崔豔紅. 中國能源消耗強度區域差異的動態關係比較研究——基於省（市）面板數據模型的實證分析［J］. 中國工業經濟，2008（4）：34-43.

[153] 劉暢，孔憲麗，高鐵梅. 中國能源消耗強度變動機制與價格非對稱

效應研究：基於結構 VEC 模型的計量分析 [J]. 中國工業經濟, 2009 (3)：59-70.

[154] 劉紅玫, 陶全. 大中型工業企業能源密度下降的動因探析 [J]. 統計研究, 2002 (9)：30-34.

[155] 劉江蓉. 中國能源消費構成的分析及預測 [J]. 統計與決策, 2009 (4)：112-117.

[156] 劉浚. 中國能源消費與 GDP 關係的非參數迴歸分析 [J]. 統計與決策, 2009 (12)：112-113.

[157] 劉鐵男, 劉琦, 吳吟, 等.《能源發展「十二五」規劃》輔導讀本 [M]. 北京：中國市場出版社, 2013.

[158] 劉瑋. 中國工業節能減排效率研究 [D]. 武漢：武漢大學, 2010.

[159] 劉希剛, 王永貴. 習近平生態文明建設思想初探 [J]. 河海大學學報（哲學社會科學版）, 2014 (4)：27-31.

[160] 劉希宋, 韓冬炎, 崔立瑤, 等. 石油價格研究 [M]. 北京：經濟科學出版社, 2006.

[161] 劉先濤, 石俊. 中國能源消費與經濟增長的向量自迴歸模型檢驗分析 [J]. 統計與決策, 2014 (10)：128-130.

[162] 劉秀麗, 汪壽陽, 楊曉光, 等. 中美溫室氣體排放趨勢及中國節能減排潛力的測算 [J]. 節能與環保, 2009 (10)：16-19.

[163] 魯成軍, 周端明. 中國工業部門的能源替代研究——基於對 ALLEN 替代彈性模型的修正 [J]. 數量經濟技術經濟研究, 2008 (5)：30-42.

[164] 馬本江, 徐晨. 論「存在經濟人」假設、經濟機制設計與效率不減原理 [J]. 經濟問題, 2011 (12)：4-9.

[165] 馬超群, 儲慧斌, 李科, 等. 中國能源消費與經濟增長的協整與誤差校正模型研究 [J]. 系統工程, 2004 (10)：47-50.

[166] 馬洪超. 經濟誘因型節能法律制度研究 [D]. 重慶：西南政法大學, 2012.

[167] 馬曉利. 基於產業低碳化發展的產業政策戰略環境評價研究 [D]. 天津：南開大學, 2012.

[168] 孟連, 王小魯. 對中國經濟增長統計數據可信度的估計 [J]. 經濟研究, 2000 (10)：3-13.

[169] 潘祺志. 中國工業能耗強度變動與節能路徑選擇 [D]. 大連：東北財經大學, 2010.

[170] 齊建國. 中國經濟高速增長與節能減排目標分析 [J]. 財貿經濟雜誌, 2007 (10): 3-9.

[171] 邱東, 陳夢根. 中國不應在資源消耗問題上過於自責——基於「資源消耗層級論」的思考 [J]. 統計研究, 2007 (2): 14-26.

[172] 屈小娥. 中國省際全要素能源效率變動分解: 基於 Malmquist 指數的實證研究 [J]. 數量經濟技術經濟研究, 2009 (8): 29-43.

[173] 沙之杰. 低碳經濟背景下的中國節能減排發展研究 [D]. 成都: 西南財經大學, 2011.

[174] 師博, 沈坤榮. 市場分割下的中國全要素能源效率: 基於超效率方法的經驗分析 [J]. 世界經濟, 2008 (9): 49-59.

[175] 師博, 沈坤榮. 政府干預、經濟集聚與能源效率 [J]. 管理世界, 2013 (10): 6-18.

[176] 施發啓. 對中國能源消費彈性系數變化及成因的初步分析 [J]. 統計研究, 2005 (5): 8-11.

[177] 史丹, 中國經濟增長過程中能源利用效率的改進 [J]. 經濟研究, 2002 (9): 49-56.

[178] 史丹, 吳利學, 傅曉霞, 等. 中國能源效率地區差異及其成因研究——基於隨機前沿生產函數的方差分解 [J]. 管理世界, 2008 (2): 35-43.

[179] 史丹, 張金隆. 產業結構變動對能源消費的影響 [J]. 經濟理論與經濟管理, 2003 (8): 30-32.

[180] 史丹, 朱彤. 能源經濟學理論與政策研究評述 [M]. 北京: 經濟管理出版社, 2013.

[181] 史丹. 中國能源需求的影響因素分析 [D]. 武漢: 華中科技大學, 2003.

[182] 史浩江. 能源消費與經濟增長: 基於廣東省的實證分析 [J]. 經濟問題, 2008 (8): 119-120.

[183] 世界能源中國展望課題組. 世界能源中國展望 (2013—2014) [M]. 北京: 社會科學文獻出版社, 2013.

[184] 宋海岩, 劉淄楠, 蔣萍. 改革時期中國總投資決定因素的分析 [J]. 世界經濟文匯, 2003 (1): 44-56.

[185] 蘇明, 傅志華, 包全永. 鼓勵和促進中國節能事業的財稅政策研究 [J]. 財政研究, 2005 (2): 33-38.

[186] 孫穩存. 能源衝擊對中國宏觀經濟的影響 [J]. 經濟理論與經濟管

理, 2007 (2): 31-36.

[187] 孫瑛, 殷克東, 高祥輝. 能源循環利用的制度安排與經濟的和諧增長: 基於政府的機制設計 [J]. 生態經濟 (學術版), 2008 (2): 99-103.

[188] 譚丹, 黃賢金. 中國東、中、西部地區經濟發展與碳排放的關聯分析及比較 [J]. 中國人口·資源與環境, 2008, 18 (3): 54-57.

[189] 譚娟. 政府環境規制對低碳經濟發展的影響及其實證研究 [D]. 長沙: 湖南大學, 2012.

[190] 譚豔妮, 譚忠富. 能源消費結構與經濟增長關聯關係的灰色分析方法 [J]. 電力學報, 2009, 24 (1): 6-8.

[191] 唐玲, 楊正林. 能源效率與工業經濟轉型: 基於中國1998—2007年行業數據的實證分析 [J]. 數量經濟技術經濟研究, 2009 (10): 34-38.

[192] 唐慶杰, 王育華, 吳文榮, 等. 潔淨煤技術, 中國能源發展的必然選擇 [J]. 中國礦業, 2007 (11): 24-26.

[193] 陶磊, 孫利芹. 中國能源價格波動與能源強度關係研究——基於狀態空間模型的變參數分析 [J]. 商業時代, 2012 (1): 112-114.

[194] 陶小馬, 邢建武, 黃鑫, 等. 中國工業部門的能源價格扭曲與要素替代研究 [J]. 數量經濟技術經濟研究, 2009 (11): 3-16.

[195] 滕玉華. 中國工業行業能源強度影響因素的實證分析 [J]. 蘭州商學院學報, 2009 (2): 74-79.

[196] 田國強. 經濟機制理論: 信息效率與激勵機制設計 [J]. 經濟學季刊, 2003 (2): 271-308.

[197] 田國強. 經濟機制設計理論 [J]. 知識分子, 1987 (2): 59-63.

[198] 田立新, 等. 能源經濟系統分析 [M]. 北京: 社會科學文獻出版社, 2005.

[199] 童光榮, 童光毅. 能源經濟學研究的脈絡和方向 [N]. 光明日報, 2007-07-24 (10).

[200] 涂正革. 環境、資源與工業增長的協調性 [J]. 經濟研究, 2008 (2): 93-105.

[201] 涂正革. 全要素生產率與區域經濟增長的動力: 基於對1995—2004年28個省市大中型工業的非參數生產前沿分析 [J]. 南開經濟研究, 2007 (4): 14-36.

[202] 汪旭暉, 劉勇. 中國能源消費與經濟增長: 基於協整分析和Granger因果檢驗 [J]. 資源科學, 2007, 29 (5): 57-62.

[203] 王革華, 田雅林, 袁靖婷. 能源與可持續發展 [M]. 北京: 化學工業出版社, 2005.

[204] 王海建. 經濟結構變動與能源需求的投入產出分析 [J]. 統計研究, 1999 (6): 30-34.

[205] 王海鵬, 田澎, 靳萍. 基於變參數模型的中國能源消費與經濟增長關係研究 [J]. 數理統計與管理, 2006, 25 (3): 253-258.

[206] 王卉彤. 應對全球氣候變化的金融創新 [M]. 北京: 中國財政經濟出版社, 2008.

[207] 王惠敏, 傅濤. 基於協整和 ECM 的中國能源消費、碳排放與經濟增長關係研究 [J]. 中國能源, 2013, 35 (5): 35-39.

[208] 王火根, 沈利生. 中國經濟增長與能源消費空間面板分析 [J]. 數量經濟技術經濟研究, 2007 (12): 98-107.

[209] 王留之, 宋陽. 略論中國碳交易的金融創新及其風險防範 [J]. 現代財經, 2009 (6): 30-34.

[210] 王慶一. 中國的能源效率及國際比較 [J]. 節能與環保, 2005 (6): 15-19.

[211] 王世進, 周敏. 國際能源價格波動對中國能源價格的影響研究——基於對能源整體指數的分析 [J]. 價格理論與實踐, 2012 (7): 31-32.

[212] 王思強. 能源預測預警理論與方法 [M]. 北京: 清華大學出版社, 2010.

[213] 王喜平, 姜曄. 碳排放約束下中國工業行業全要素能源效率及其影響因素研究 [J]. 軟科學, 2012 (2): 73-78.

[214] 王霞, 淳偉德. 中國能源強度變化的影響因素分析及其實證研究 [J]. 統計研究, 2010 (10): 71-74.

[215] 王祥. 中國能耗強度影響因素分析與節能目標實現 [D]. 大連: 東北財經大學, 2012.

[216] 王小魯, 樊綱. 中國經濟增長的可持續性——跨世紀的回顧與展望 [M]. 北京: 經濟科學出版社, 2000.

[217] 王遙, 劉情. 中國的低碳經濟選擇和碳金融發展問題研究 [J]. 投資研究, 2010 (2): 10.

[218] 王玉潛. 能源消耗強度變動的因素分析方法及其應用 [J]. 數量經濟技術經濟研究, 2003 (8): 151-154.

[219] 魏楚. 規模效率與配置效率: 一個對中國能源低效的解釋——基於

35 個國家（地區）的比較 [J]. 世界經濟, 2009（4）: 84-96.

[220] 魏楚, 沈滿洪. 能源效率及其影響因素: 基於 DEA 的實證分析 [J]. 管理世界, 2007（8）: 66-75.

[221] 魏楚, 沈滿洪. 結構調整能否改善能源效率: 基於中國省級數據的研究 [J]. 世界經濟, 2008（11）: 77-85.

[222] 魏楚, 沈滿洪. 工業績效、技術效率及其影響因素——基於 2004 年浙江省經濟普查數據的實證分析 [J]. 數量經濟技術經濟研究, 2008（7）: 18-30.

[223] 魏楚, 沈滿洪. 能源效率與能源生產率: 一個基於 DEA 方法的省際數據比較 [J]. 數量經濟技術經濟研究, 2007（9）: 110-121.

[224] 魏慶琦, 趙篤正, 肖偉. 能源價格對中國交通運輸能源強度調節效應的實證研究 [J]. 生態經濟, 2013（2）: 81-84.

[225] 魏一鳴, 韓智勇, 吳剛, 等. 中國能源報告 (2006): 戰略與政策研究 [M]. 北京: 科學出版社, 2006.

[226] 吳迪. 馬克思生態經濟思想視閾下的循環經濟研究 [D]. 北京: 首都師範大學, 2013.

[227] 吳巧生, 成金華, 王華. 中國工業化進程中的能源消費變動——基於計量模型的實證分析 [J]. 中國工業經濟, 2005（4）: 30-37.

[228] 吳巧生, 成金華. 中國工業化中的能源消耗強度變動及因素分析——基於分解模型的實證分析 [J]. 財經研究, 2006（6）: 75-85.

[229] 徐士元. 基於技術進步與市場化改革的中國能源效率研究 [D]. 武漢: 華中科技大學, 2009.

[230] 徐現祥, 舒元. 基於對偶法的中國全要素生產率核算 [J]. 統計研究, 2009（7）: 78-86.

[231] 徐現祥, 周吉梅, 舒元. 中國省區三次產業資本存量估計 [J]. 統計研究, 2007（5）: 6-13.

[232] 許士春. 完善節能減排長效機制的環境政策研究 [M]. 北京: 經濟科學出版社, 2014.

[233] 亞瑟·賽斯爾·庇古. 福利經濟學 [M]. 何玉長, 丁曉欽, 譯. 上海: 上海財經大學出版社, 2009.

[234] 楊福霞, 楊冕, 聶華林. 能源與非能源生產要素替代彈性研究——基於超越對數生產函數的實證分析 [J]. 資源科學, 2011, 33（3）: 460-467.

[235] 楊紅亮, 史丹. 能效研究方法和中國各地區能源效率的比較 [J].

經濟理論與經濟管理，2008（3）：12-20.

[236] 楊繼生，徐娟，吳相俊. 經濟增長與環境和社會健康成本 [J]. 經濟研究，2013（12）：17-29.

[237] 楊正林. 中國能源效率的影響因素研究 [D]. 武漢：華中科技大學，2009.

[238] 姚靜武. 環境制度約束下中國工業經濟能源效率研究 [D]. 武漢：武漢大學，2010.

[239] 姚昕，劉希穎. 基於增長視角的中國最優碳稅研究 [J]. 經濟研究，2010（11）：48-58.

[240] 葉裕民. 全國及各省區市全要素生產率的計算和分析 [J]. 經濟學家，2002（3）：115-121.

[241] 於峰，齊建國. 開放經濟條件下環境污染的分解分析：基於1990—2003年間中國各省市的面板數據 [J]. 統計研究，2007（1）：47-53.

[242] 餘泳澤，劉大勇. 中國區域創新效率的空間外溢效應與價值鏈外溢效應——創新價值鏈視角下的多維空間面板模型研究 [J]. 管理世界，2013（7）：6-20.

[243] 袁潮清. 中國節能降耗途徑的節能效果測算及優化研究 [D]. 南京：南京航空航天大學，2010.

[244] 張華，豐超. 擴散還是回流：能源效率空間交互效應的識別與解析 [J]. 山西財經大學學報，2015（5）：50-62.

[245] 張軍，吳桂英，張吉鵬. 中國省際物質資本存量估算：1952—2000 [J]. 經濟研究，2004（10）：35-44.

[246] 張軍，章元. 再論中國資本存量的估計方法 [J]. 經濟研究，2003（7）：35-43.

[247] 張清華. 中國區域工業能源效率時空效應研究 [D]. 太原：山西財經大學，2015.

[248] 張偉，吳文元. 基於環境績效的長三角都市圈全要素能源效率研究 [J]. 經濟研究，2011（10）：95-109.

[249] 張衛東. 運用價格手段促進節能減排的實踐與思考 [J]. 價格理論與實踐. 2007（8）：729.

[250] 張炎治. 中國能源強度的演變機理及情景模擬研究 [D]. 徐州：中國礦業大學，2009.

[251] 張友國. 經濟發展方式變化對中國碳排放強度的影響 [J]. 經濟研

究，2010（4）：120-132.

[252] 張宗成，周猛. 中國經濟增長與能源消費的異常關係分析 [J]. 上海經濟研究，2004（4）：41-45.

[253] 趙書新. 節能減排政府補貼激勵政策設計的機理研究 [D]. 北京：北京交通大學，2011.

[254] 鄭明慧. 河北省能源消費與節能潛力研究 [D]. 保定：河北大學，2011.

[255] 鄭照寧，劉德順. 考慮資本-能源-勞動力投入的中國超越對數生產函數 [J]. 系統工程理論與實踐，2004（5）：51-54.

[256] 周力，應瑞瑶. 開放經濟與節能減排的協調路徑 [J]. 中國人口·資源與環境，2010（2）：109-115.

[257] 周英男. 工業企業節能政策工具選擇研究 [D]. 大連：大連理工大學，2008.

[258] 周勇，李廉水. 中國能源強度變化的結構與效率因素貢獻——基於AWD的實證分析 [J]. 產業經濟研究，2006（4）：68-74.

國家圖書館出版品預行編目（CIP）資料

中國工業節能經濟機制設計研究 / 王莉 著. -- 第一版.
-- 臺北市 : 財經錢線文化, 2019.05
　　面；　公分
POD版

ISBN 978-957-680-328-4(平裝)

1.能源節約 2.能源經濟 3.中國

400.15　　　　　　　　　　　　　　108006733

書　　名：中國工業節能經濟機制設計研究
作　　者：王莉 著
發 行 人：黃振庭
出 版 者：財經錢線文化事業有限公司
發 行 者：財經錢線文化事業有限公司
E-mail：sonbookservice@gmail.com
粉絲頁：　　　　　　網址：
地　　址：台北市中正區重慶南路一段六十一號八樓815室
8F.-815, No.61, Sec. 1, Chongqing S. Rd., Zhongzheng
Dist., Taipei City 100, Taiwan (R.O.C.)
電　　話：(02)2370-3310 傳　真：(02) 2370-3210
總 經 銷：紅螞蟻圖書有限公司
地　　址：台北市內湖區舊宗路二段121巷19號
電　　話：02-2795-3656 傳真:02-2795-4100　網址：
印　　刷：京峯彩色印刷有限公司（京峰數位）

　本書版權為西南財經大學出版社所有授權崧博出版事業股份有限公司獨家發行電子書及繁體書繁體字版。若有其他相關權利及授權需求請與本公司聯繫。

定　　價：330元
發行日期：2019年05月第一版
◎ 本書以POD印製發行